Jordi Casademont, coord.

Redes de comunicaciones:
de la telefonía móvil a Internet

Autores: Victoria Beltrán
            Anna Calveras
            Jordi Casademont
            Lluís Casals
            Marisa Catalán
            Miguel Catalán
            Eduard García
            Carles Gómez
            Xavier Hesselbach
            Elena López
            Josep Paradells
            Xavier Sánchez
            Rafael Vidal

UNIVERSITAT POLITÈCNICA
DE CATALUNYA
BARCELONATECH

HYPERION
Manuales de supervivencia científica para el siglo XXI
Coordinador: Jordi José

Primera edición: diciembre de 2010

Diseño gráfico de la colección: Tono Cristòfol
Maquetación: Talleres Gráficos Alfa

Imatge de la coberta: Corbis Images

©   los autores, 2010

©   Edicions UPC, 2010
      Edicions de la Universitat Politècnica de Catalunya, SL
      Jordi Girona Salgado 31, Edifici Torre Girona, D-203, 08034 Barcelona
      Tel.: 934 015 885   Fax: 934 054 101
      www.edicionsupc.es
      E-mail: edicions-upc@upc.es

Producció: LIGHTNING SOURCE

Depósito legal: M-52195-2010
ISBN: 978-84-9880-441-6

ÍNDICE

PRESENTACIÓN   11

**1. TELECOMUNICACIONES: HABLANDO
   DESDE LEJOS**   13
   1. Sistemas de telecomunicación: ¿De qué partes consta?   15
   2. Transmisión de los datos: ¿Cómo se envía la información?   16
   3. Tipos de redes: no todas sirven para lo mismo   21

**2. PROCESOS Y FUNCIONES EN LAS REDES DE
   TELECOMUNICACIÓN: NO TODO ES TAN
   SENCILLO COMO PARECE**   25
   1. Arquitecturas de protocolos: Como dijo Jack el Destripador:
      Vamos por partes   25
   2. Digitalización de la información: Entrando en Matrix   28
      2.1. Analógico y digital: Movimiento suave o a saltos   28
   3. Compresión: Perdiendo esos quilos de más   30
   4. Bits por tierra, mar y aire: Códigos de línea y modulaciones   32
      4.1. Códigos de línea: Para no perder el paso   33
      4.2. Modulaciones: Cogiendo la curva por fuera   34
   5. Cuando compartir es necesario: Control de acceso al medio   35
   6. Las redes de comunicaciones, un mundo imperfecto   37
   7. Multiplexación y demultiplexación: Juntos pero no revueltos   43
   8. Seguridad   47

3. REDES, PERO SIN PECES   53
   1. Redes de acceso fijas: las que tienen cables   55
      1.1. Bucle analógicos, esos cables negros colgados
           de las fachadas   55

1.2. Redes de acceso basadas en el bucle de abonado
digital: Mucho márketing pero poca longitud   57
1.3. Redes de acceso basadas en fibra óptica, superando
el límite de velocidad   60
1.4. PLC, ¡cuidado con los calambres!   65
1.5. Nuevos operadores, desagregación del bucle,
operadores virtuales: ¡Esto es la guerra!!   66
2. Redes de acceso móviles: las que no tienen cables   68
2.1. Algo de historia   68
2.2. Canal y celda   69
2.3. Un teléfono móvil o mucho más   73
2.4. Yo, mi SIM y el terminal   74
2.5. Todo lo que hace un terminal móvil cuando se usa
y cuando no se usa   76
2.6. Terminales móviles   81
3. Redes de área local, pequeñas pero rápidas   83
3.1. Componentes de la LAN: Anatomía de una red   84
3.2. Ethernet, la reina de las redes   85
3.3. Redes de área local inalámbricas: A ver por dónde
me cuelo   86
4. Redes troncales: ¿Pero, para qué necesito una red troncal?   90
4.1. Cómo tener enlaces de banda ancha y no perder
la pista a la información en el intento   90
4.2. ¿Se puede disponer de calidades diferentes
en una misma red?   93
4.3. ¿Y hoy en día, qué ocurre en los troncales?   94
4.4. ¿Qué cable escojo?   95
5. Internet, el nombre que lo engloba todo   101
5.1. La madre del cordero: direccionamiento
y encaminamiento en Internet   104
5.2. La fiabilidad en los datos y la multiplexación:
¿Te ce qué?   107
6. Otras redes: los nuevos fichajes   107
6.1. Redes inalámbricas de área corporal. Un áurea
electromagnetica a nuestro alrededeor   108
6.2. Redes inalámbricas de área corporal. Un áurea
electromagnética a nuestro alrededor   111
6.3. Redes inalámbricas multisalto: Aprovechándose
del vecino   112

7. Dispositivos de red: cacharros   118
   7.1. Dispositivos de conmutación: Echando cables   119
   7.2. Dispositivos de usuario: De la mochila a la palma
       de la mano   129

**4. APLICACIONES EN INTERNET: LOS MIL Y UN
PROGRAMAS**   135
  1. Transferencia de ficheros: El tren de la mina   138
  2. Acceso remoto: Como un *hacker*   141
  3. Correo electrónico: bueno, bonito, barato   144
  4. Navegación web: Explorando el océano de contenidos   147
  5. Buscadores y servicios de directorio: La brújula de Internet   150
  6. Juegos en línea: Pegando tiros a distancia   152
  7. Comercio electrónico: Qué miedo me da poner la VISA   154
  8. Mensajería instantánea: Reuniéndonos en el ciberespacio   155
  9. *Push-to-Talk*, cambio y corto   157
  10. Redes sociales: Donde los de selección de personal
      encontrarán las fotos de tus borracheras   158
  11. Telefonía IP: Telefoneando sin red telefónica   159
  12. IPTV: La tele sin antena   161
  13. Servicios basados en localización: ¿Dónde estoy?   162
  14. Programación de aplicaciones: ¿Pero eso no lo hacen
      unos duendecillos?   163
    14.1. HTML, el traje de etiqueta   165
    14.2. Dinamismo en páginas web: Actualízate, Sésamo   165
    14.3. Aplicaciones web: Donde el navegador
       es el chico para todo   166
    14.4. Web móvil y adaptación de contenidos:
       Cambiando de traje   167

**5. TENDENCIAS FUTURAS: MÁS DE TODO,
PERO NO SIMULTÁNEAMENTE**   171

PRESENTACIÓN

Cuando en pleno siglo XXI miramos al pasado, vemos que desde hace muchos años las telecomunicaciones están facilitando el acercamiento entre personas y haciendo que el mundo parezca más pequeño y mejor. Podemos pensar en las redes sociales como Facebook y Twitter, o redes de contenidos como la popular YouTube, pero también tenemos servicios como la telefonía móvil, mensajería instantánea, videoconferencia, etc. Es fácil intuir que este fantástico mundo tecnológico no sería posible sin grandes infraestructuras que lo soporten.

La telefonía y por tanto el servicio público de transmisión de voz fue desplegado durante los primeros años del siglo XX. Las primeras redes de datos aparecieron en la década de 1960, aunque deben ser consideradas experimentales. Desde entonces los servicios de telecomunicaciones se han expandido a gran velocidad. Son pocas las personas que hoy en día no disponen de teléfono móvil. En abril de 2009 había 52,4 millones de líneas móviles en España según la Comisión del Mercado de las Telecomunicaciones[1] ¡lo que representa una penetración del 111%!!! La banda ancha en los hogares no refleja unos números tan espectaculares, pero en ese año ya existían 20 líneas por cada 100 habitantes.

A través de este tipo de tecnologías somos capaces de acceder a multitud de aplicaciones en casi cualquier lugar del planeta y ello nos ha llevado a desarrollar nuevas formas de relacionarnos. Las telecomunicaciones se han vuelto indispensables en un mundo como el nuestro.

Estamos inmersos en un mundo de imágenes donde el cine nos introduce unos conceptos de comunicaciones ubicuas (en cualquier lugar y momento) que pueden parecer de ciencia ficción pero que en realidad son factibles hoy en día.

Toda esta tecnología ha sido posible gracias al esfuerzo de investigación y desarrollo de muchos tipos de ingenieros, pero especialmente de los ingenieros de telecomunicación, de telemática, electrónicos e informátics. Ellos han de unir sus esfuerzos debido a la enorme complejidad de los sistemas que proporcionan la posibilidad de que nosotros podamos tener acceso a un mundo de servicios, por ejemplo, colgar en el YouTube un vídeo desde el móvil con el que lo hemos grabado.

Este libro es una introducción a las tendencias actuales de trabajo e investigación de las Tecnologías de la Información y Comunicación (TIC). En él se presentan los principales conceptos y aplicaciones existentes y otras que posiblemente estén disponibles en un futuro próximo. El propósito final del libro es dar a conocer una visión amplia de las tareas y ámbitos en que pueden trabajar los profesionales que se dedican a las TIC.

El libro se ha estructurado de la siguiente forma: En el primer capítulo se presenta una introducción a las telecomunicaciones que da una visión global de los conceptos, funciones e infraestructuras que debe poseer un sistema de telecomunicación. Los siguientes capítulos entran en más detalle en cada uno de los puntos, describiendo los trabajos que se están realizando en cada campo y hacia dónde tiende la investigación. Así, el segundo capítulo tratará de los diferentes procesos requeridos para realizar una transmisión de información, el tercer capítulo de los diferentes tipos y tecnologías de red y, finalmente, el capítulo cuarto versará sobre las aplicaciones que utilizamos en las redes de telecomunicaciones.

---

1 http://www.cmt.es/es/publicaciones/anexos/NM_Octubre_09.pdf

1

TELECOMUNICACIONES: HABLANDO DESDE LEJOS

La humanidad ha tenido desde sus inicios la necesidad de comunicarse. Primero de forma presencial y más tarde de forma remota. Los primeros sistemas de telecomunicación consistieron en señales de humo, de luz o acústicos con unos códigos sencillos que representaban mensajes de información que se iban repitiendo desde torres de observación.

Sin embargo, lo que nosotros entendemos por sistemas de telecomunicación modernos no llegan hasta la invención del telégrafo en 1837, por parte de Samuel F. B. Morse, y del teléfono, en 1876, por Graham Bell. Dichos sistemas son los primeros representantes de los denominados servicios de datos y servicios de voz. Esta división es importante en el mundo de las telecomunicaciones porque las redes de comunicación utilizadas para ellos han sido tradicionalmente diferentes. Es decir, han existido redes para servicios de voz (telefonía) y redes para servicios de datos (lo que hoy es Internet); no obstante, esta tendencia ha cambiado y actualmente tienden a integrarse en una sola red que soporta cualquier servicio de telecomunicación.

1/ Central telefónica manual (the National Archives of Australia)

La evolución de los dispositivos y los servicios de comunicación a lo largo de estos años ha sido espectacular. Las primeras llamadas de voz debían realizarse a través de centrales telefónicas manuales (Fig. 1) y hoy en día no solo pueden realizarse desde teléfonos móviles, sino que podemos optar por videoconferencias e incluso incorporar más de dos usuarios en ellas. Igualmente, los primeros mensajes se enviaban a través de telégrafos, debiendo ser repetidos cada cierta distancia por telegrafistas. Actualmente también podemos ver programas de televisión del otro extremo del planeta a través de Internet, como algo cotidiano.

Para comprender cómo funcionan estos sistemas debemos dividirlos en bloques y después ver qué funciones o partes tienen. La división más genérica es la que considera por una parte las redes de telecomunicación propiamente dichas y por otra las aplicaciones o servicios que corren encima de ellas. Podríamos considerarlo como el *hardware* y el *software* del sistema. Sin embargo existe otra gran área que estudia cual es la mejor manera de transmitir las señales. Son procesos como la modulación, la multiplexación, la codificación, la encriptación, etc., que iremos explicando a lo largo de este libro, y en la medida que conseguimos adelantos tecnológicos en ellos, podemos transmitir a mayor velocidad. Pensemos que los primeros telégrafos tenían unas velocidades de unas 25 palabras por minuto, unos 20 bps (bits por segundo), y hoy en día ya somos capaces de transmitir a varios Tbps (Tera bits por segundo, 1.000.000.000.000 bits por segundo) usando fibras ópticas.

2/ Primer teléfono desarrollado por Graham Bell, uno de los primeros telégrafos y el novedoso iPhone de Apple que recibe tanto llamadas como datos

1. SISTEMAS DE TELECOMUNICACIÓN: ¿DE QUÉ PARTES CONSTA?

La base de las telecomunicaciones está en la transmisión de señales. La figura 3 refleja sus elementos básicos, que son: los terminales, dispositivos capaces de captar información del mundo exterior e introducirla en la red de telecomunicaciones en forma de señales, y de recibir estas señales para volver a convertirlas a un formato entendible para el usuario; y la red de telecomunicación, que realiza las conexiones necesarias para poder transportar estas señales entre los terminales emisor y receptor.

Los primeros terminales eléctricos que existieron fueron los telégrafos (Fig. 2), que utilizaban señales eléctricas denominadas puntos y rayas. Samuel F. B. Morse inventó el primer código comercial que lleva su propio nombre, donde cada letra del alfabeto se traduce a una secuencia de puntos y rayas que son simples cambios de tensión eléctrica de diferente duración. Era una especie de código binario que permitió implementar el primer sistema digital comercial de la historia. En los sistemas digitales actuales este código se ha ampliado y ahora utilizamos grupos de 8 bits denominados bytes u octetos.

El segundo terminal eléctrico fue el teléfono. Como la transmisión de señales eléctricas ya estaba superada, la mayor complicación del momento fue convertir una señal acústica a una señal eléctrica y viceversa.

Una vez conseguido este hito, hemos utilizado prácticamente el mismo mecanismo durante más de un siglo.

3/ Esquema básico de un sistema de telecomunicaciones

Terminal — Adaptador de información — Transmisor — Red de telecomunicación — Receptor — Adaptador de información — Terminal

2. TRANSMISIÓN DE LOS DATOS: ¿CÓMO SE ENVÍA LA INFORMACIÓN?

La base de las redes de telecomunicaciones reside en poder enviar los datos a diferentes distancias, para ello se requiere de un transmisor, un medio de transmisión y un receptor. Los tres medios de transmisión más utilizados actualmente son: cable de cobre, fibra óptica y transmisiones por radio. Cada uno de ellos tendrá unos transmisores y receptores apropiados.

Uno de los campos en que han evolucionado más las telecomunicaciones es en el desarrollo de los medios de transmisión. Desde los inicios del telégrafo, en que la señal se transmitía por un solo cable y tenía el retorno por tierra, hasta las modernas fibras ópticas que permiten transmitir a distancias de cientos de kilómetros sin amplificar la señal (Fig. 4). La investigación en la fibra óptica no se dirige tan solo en mejorar la velocidad de transmisión y el alcance, sino también en permitir que cada fibra pueda transportar más de una señal de luz simultáneamente creadas generalmente mediante un laser. Así la tecnología denominada DWDM (*Dense Wavelength Division Multiplexing*) permite enviar varios cientos de señales láser diferentes en una sola fibra óptica consiguiendo velocidades de varios Tbit/s.

Para que la transmisión de las señales sea correcta, no solo hace falta enviar los datos del usuario tal y como salen de la fuente de información, sino que deben aplicarse muchas otras funciones que los ingenieros van renovando y optimizando para que se pueda transmitir

4/ Primeros cables de telégrafo y fibras ópticas actuales (Foto:– kickstock)

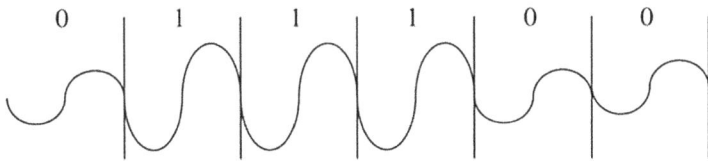

0   1   1   1   0   0

5/ Modulación de una señal digital con una analógica

a mayores velocidades y los errores sean cada vez menos numerosos.

Las señales digitales no se transmiten bien a grandes distancias, en cambio las analógicas sí. Por ello se utilizan señales analógicas para transmitir datos digitales; es lo que llamamos *modulación*. Un ejemplo es el de la figura 5 donde los ceros y unos se modulan en amplitud. Ello significa que cuando se quiere transmitir un 0 se envía una onda senoidal de una cierta amplitud, y cuando se quiere transmitir un 1 se envía la misma forma de onda, pero con una amplitud mayor.

En otras ocasiones es necesario transmitir los datos de muchos usuarios en un solo medio de comunicación. A esta operación se la denomina *multiplexación*. Existen diferentes formas de hacerlo, unas son deterministas (significa que el usuario siempre podrá acceder a la porción del medio de transmisión que le corresponde) y otras aleatorias (significa que en promedio podrá acceder al porcentaje del medio de transmisión que le corresponde, pero que en el momento de transmitir puede ser que otro usuario le ocupe antes el recurso, por lo que no está el 100% seguro de poder transmitir cuando desee hacerlo). Un ejemplo de acceso determinista es el GSM y un ejemplo de acceso aleatorio es la Wi-Fi.

Al realizar una transmisión de datos se intenta que no se produzcan errores, aunque esto no siempre es posible. Toda red tiene un cierto porcentaje de posibilidad de que alguno de los bits transmitidos se vea interferido por otro usuario o algún ruido electromagnético y se reciba con un valor equivocado. En estos casos se debe procurar corregir el error enviado algunos datos de control adicionales. A las diferentes técnicas existentes, muy estudiadas en el campo de la telemática, se las denomina *mecanismos de corrección de errores*.

También existen problemas de saturación. Cuando a la red de comunicaciones se le inyectan más datos de los que puede transmitir, algunos de ellos con toda seguridad se van a perder. Para evitar estas situaciones, deben emplearse procedimientos de control de congestión; normalmente se basan en hacer que los usuarios transmitan menos datos. Una situación similar se da cuando la red puede transportar el volumen de información que el transmisor quiere enviar pero el receptor no es capaz de procesar todo lo recibido. En estos casos el receptor debe notificar al transmisor que no envíe tan rápido; a estas técnicas se las llama *control de flujo*.

Un motivo de permanente preocupación en las redes de comunicación es la seguridad. Se han desarrollado múltiples técnicas para garantizar que solo los usuarios que tengan permiso puedan acceder a los servicios de las redes de comunicación; son los denominados *mecanismos de autenticación y control de acceso*. Asimismo se desea que las comunicaciones en curso no puedan ser escuchadas o modificadas. Los mecanismos para protegerse de estos ataques están englobados bajo la denominación de *criptografía*, ciencia que tiene un gran futuro dentro de las telecomunicaciones.

Como puede verse, son muchas las funcionalidades que deben emplearse para poder controlar una red y que ésta funcione correctamente. Los dispositivos que forman parte de ella deben transmitir muchos mensajes de control que el usuario final no ve. Por ello debe implementarse todo un sistema de intercambio de información de control; a los «idiomas» que se utilizan con este propósito se les denomina *protocolos de comunicaciones*. Un protocolo de comunicación no es más que una sintaxis determinada que los dispositivos de la red pueden comprender, y como cada protocolo está diseñado para solo realizar unas pocas funciones de las enumeradas anteriormente, suelen utilizarse varios protocolos en paralelo. Así, cada uno de ellos es responsable de unas tareas que son independientes de las otras. Si en alguna ocasión queremos cambiar la forma de realizar una tarea, solamente se verá afectado uno de los protocolos y los demás podrán permanecer inalterados. De esta forma es más sencillo actualizar la red. A todos los protocolos que pueden utilizarse de forma conjunta se los denomina *arquitectura de protocolos*. La arquitectura de protocolos más conocida es la utilizada en Internet y se denomina arquitectura TCP/IP, básicamente porque estos dos son los protocolos más importantes, aunque hay muchos otros.

Finalmente, vamos a presentar un concepto de vital importancia en las redes de telecomunicación: el ancho de banda. Con toda seguridad habremos oído hablar de redes de banda ancha. Fijémonos que no las denominan redes de alta velocidad, cuando parecería lo más normal.

Para comprender este término debemos hablar primero de un concepto un poco abstracto, la representación de una señal (que en nuestro caso serán los bits a transmitir) en formato frecuencial. Si nos fijamos en la fig. 6 vemos una señal senoidal:

¿Qué pasa si sumamos varias de estas señales a diferentes frecuencias? Por ejemplo, la figura 7 representa la suma de 3 de ellas, pero a diferentes frecuencias, todas ellas múltiplos de la frecuencia fundamental

6/ Señal f(t) = seno(f t)

7/ Señal f(t) = seno(f t) + 0,5 * seno (2f t) + 0,25 * seno (4f t)

8/ Representación frecuencial de las señales anteriores

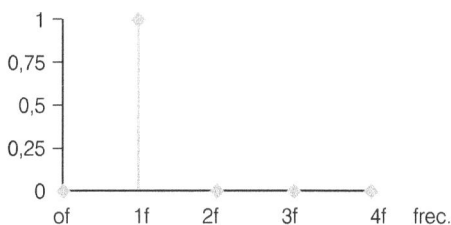

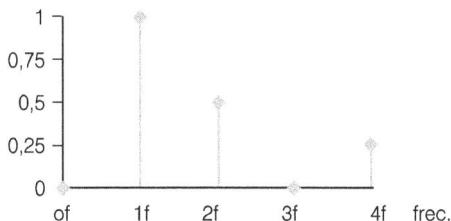

(f). Vemos que la forma ondulada se va convirtiendo poco a poco en una forma cuadrada. Si llegásemos a sumar muchas de estas señales senoidales podríamos obtener una señal totalmente cuadrada, que podría representar un tren de bits, con algún significado.

El siguiente paso es representar estas señales de otra forma. En las figuras anteriores hemos tomado como eje de abscisas el tiempo. Vamos a tomar ahora un eje de abscisas con las frecuencias que hemos sumado, las f. En la primera gráfica de la figura 8 vemos que solo hay una frecuencia y en la segunda 3 con diferentes amplitudes.

Fijémonos que las representaciones temporal y frecuencial guardan cierta relación. Si solo tenemos una componente de $1f$ la señal temporal que nos aparece es suave, si tenemos varias componentes, hasta $4f$ vemos que podemos construir una señal más abrupta, parecida a un bit, pero aún falta. Si dibujásemos una señal con componentes frecuenciales mucho mayores, digamos $100f$, podríamos obtener una señal con unos bordes casi cuadrados.

Habiendo entendido esto, veamos como se relaciona el ancho de banda con la velocidad. La figura 9 muestra dos señales binarias (en negro) a diferentes velocidades. En azul tenemos la señal transmitida, vemos que intenta adaptarse a la señal original pero casi nunca es perfectamente igual. Cuando vamos a mayor velocidad, los bits son más cortos, ya que en un segundo hemos de transmitir más. En consecuencia la señal transmitida deberá ser capaz de reaccionar más rápidamente, sus cambios serán más bruscos y por lo tanto los bordes deberán ser más rectos. En consecuencia, necesitaremos componentes frecuenciales mayores. A modo de ejemplo, si en la señal de la izquierda hemos de sumar señales senoidales de hasta $100f$, en la derecha deberemos sumarles de hasta $200f$.

Con lo anterior vemos que si un medio de transmisión permite transmitir a muy alta frecuencia, podremos emplear componentes a «muchas» f y así enviar bits muy estrechos (alta velocidad). El problema es que los componentes a alta frecuencia son muy costosos de construir y ca-

9/ Respuesta temporal
de una señal

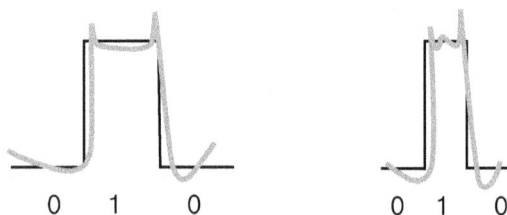

0   1   0   0   1   0

ros, además los medios de transmisión están limitados en frecuencia. Un ejemplo claro es intentar transmitir luz por un cable de cobre. La luz es una señal electromagnética de muy alta frecuencia y ya adivinamos que es imposible transmitirla por un cable de cobre.

Un medio de transmisión tendrá disponible pues un rango de frecuencias a las que podrá funcionar. A este rango de frecuencias se le denomina *ancho de banda* del medio de transmisión y está totalmente ligado a la velocidad de datos que puede enviar. Dentro del contexto de una red se hace la equivalencia a ese concepto. El ancho de banda de una red es el volumen de información que la red es capaz de enviar por unidad de tiempo, normalmente se expresa en bits por segundo.

3. TIPOS DE REDES: NO TODAS SIRVEN PARA LO MISMO

Una vez la información está lista, ya puede empezar a transmitirse por la red. Es en este punto donde hay más diversidad de conceptos y tecnologías. Seguramente hemos escuchado muchos términos relacionados: Wi-Fi, ADSL, 3G, Ethernet, fibra óptica... Sabemos que todo son redes, pero se nos hace difícil distinguir sus diferencias.

La mejor forma para comprender estas tecnologías es viendo su ámbito de utilización. La situación más próxima que experimentamos es la conexión de varios ordenadores en un mismo edificio; supongamos que tenemos tres ordenadores en casa con un solo acceso a Internet. La red que forman estos ordenadores la denominamos *red de usuario* (Fig. 10), la podemos tener en una oficina, en un edificio, en nuestro hogar y puede tener desde un ordenador hasta varios miles (la red de un campus universitario también la podríamos considerar de este tipo). Este tipo de re-

10/ Tipos de redes

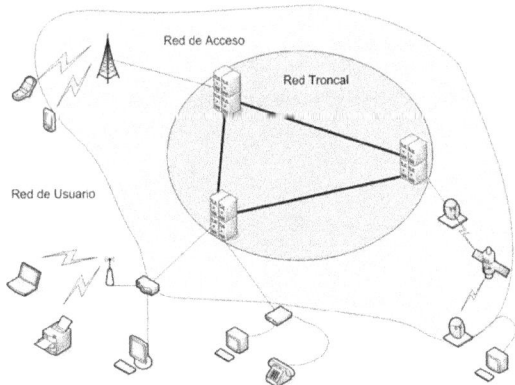

Red de Acceso
Red Troncal
Red de Usuario

des son con las que estamos más familiarizados y podemos oir términos como Wi-Fi, Ethernet, conmutador, etc. relacionados con ellas. Al hablar de red de usuario, normalmente nos referimos a ordenadores, pero cada vez es más común que en ella también estén integrados los servicios de telefonía y de fax. Antiguamente era una red cableada, pero actualmente la mayoría de nosotros optamos por construirla con tecnología inalámbrica, ya que nos ahorra todo el engorro de instalar cables por casa. Las velocidades de esta red suelen ser muy diversas: A título de ejemplo, las formadas con tecnología Ethernet suelen proporcionar unos 100 Mbps, algunos equipos pueden multiplicar esta velocidad por diez, llegando a 1000 Mbps (o lo que es lo mismo 1 Gbps). Las redes inalámbricas (Wi-Fi) permiten 54 Mbps, e incluso más pero ello depende de la distancia a la que nos comuniquemos. Si tenemos el dispositivo repetidor muy lejos, el mismo sistema puede llegar a tan solo 1 Mbps.

El siguiente paso es conectar las redes de usuario entre sí, pero éstas pueden estar en diferentes partes del mundo, por lo que resulta imposible unirlas todas contra todas. El sistema utilizado para conectar usuarios de diferentes ciudades ha sido crear una red que concentra en enlaces de muy alta velocidad los datos que van en la misma dirección, aunque provengan de usuarios diferentes. Es la denominada *red trocal* o *de transporte*, que está formada por enlaces que pueden unir ciudades o incluso continentes. Existen operadores de telecomunicaciones que poseen redes de alcance mundial, con enlaces submarinos que atraviesan mares y océanos y enlaces vía satélite, por ejemplo la red de Tata Communications mostrada en la figura 11. Para poder instalar los cables submarinos se utilizan barcos especiales con unos robots que entierran los cables de fibra óptica entre 1 y 3 metros bajo el fondo marino.

11/ Red de transporte de Tata Communications (Foto: Tata Communications)

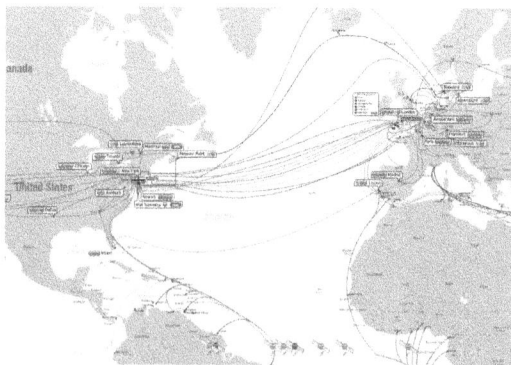

Existen muchas redes troncales, normalmente cada operador de telecomunicaciones tiene la suya propia. Pero hemos de tener en cuenta que existen todo tipo de operadores, desde aquellos que solamente dan servicio en una región de un país hasta los que ofrecen cobertura mundial.

Ahora ya sabemos que es posible transferir información a cualquier lugar del mundo a través de las redes de transporte, pero ¿cómo conectamos nuestra red de usuario a la red de transporte? De ello se ocupan las redes de acceso. La red de acceso está formada por muchos enlaces que unen las casas particulares de los usuarios o los edificios de oficinas y fábricas hasta los centros concentradores de las compañías de telecomunicaciones. Normalmente es la parte más cara porque suele haber un cable para cada usuario que se quiera conectar y ello supone millones de cables.

La primera red de acceso que se instaló fueron los pares de cable de cobre utilizados por las redes telefónicas. Estos cables denominados bucles de abonados salen de las centrales telefónicas y se distribuyen por las calles de las ciudades llegando hasta todas las casas particulares. Son los típicos cables negros que podemos ver pegados en muchas fachadas de casas (Fig. 12), aunque poco a poco los van soterrando en canalizaciones por debajo de las aceras. Los bucles de abonado van de los pocos metros hasta los pocos kilómetros. Hoy en día las operadoras que ven negocio en ciertos barrios de ciudades los están substituyendo por fibras ópticas con el fin de ofrecer mayor ancho de banda, pero la gran mayoría siguen siendo pares de cobre.

12/ Mangueras de bucles de abonado telefónico

La situación con la que se encontraron los operadores de telefonía hace unos años, cuando quisieron dar servicio de conexión a Internet a sus usuarios, fue que la red de acceso que tenían desplegada estaba pensada para el servicio de voz. Los pares telefónicos no permiten la transmisión de señales digitales a grandes velocidades, pero era la red que tenían disponible. Desplegar otra costaría mucho dinero y tiempo. La solución adoptada fue el desarrollo de las tecnologías DSL (*Digital Subscriber Line*) cuya versión más conocida es el ADSL (*Asymetric Digital Subscriber Line*), aunque existen varias más.

Las redes de acceso no solo están disponibles en soporte cable, también existen vía radio. En este conjunto podemos englobar todas las redes de telefonía móvil (GSM, GPRS, UMTS...), así como nuevas tecnologías de cobertura más reducida pero que permiten mayores velocidades como el WiMAX. Finalmente, también deberíamos considerar el acceso vía satélite, de gran utilidad en lugares remotos donde la instalación de los sistemas anteriores no es viable económicamente.

Con lo expuesto anteriormente tenemos una visión esquemática de cómo es una red de telecomunicaciones, pero nuestra experiencia más próxima es la red que denominamos Internet.

¿Qué es Internet? De forma simplificada, podemos afirmar que internet es la conexión de todas estas redes descritas anteriormente, que pueden estar formadas con diferentes tecnologías, pero que utilizan unos protocolos de comunicación comunes: la arquitectura TCP/IP.

2

PROCESOS Y FUNCIONES EN LAS REDES DE TELECOMUNICACIÓN: NO TODO ES TAN SENCILLO COMO PARECE

El poder establecer una comunicación telefónica, a pesar de que los dos extremos estén cada uno en un continente distinto a miles de kilómetros, o recibir fotografías desde un pequeño robot en la superficie de Marte (¡a centenares de millones de kilómetros!) plantea infinidad de problemas muy diversos: ¿Cómo superar tan largas distancias? ¿Cómo encontrar a un usuario en concreto dentro de una red con millones de usuarios? ¿Cómo asegurar que la información que se recibe es correcta y que no se ha perdido nada por el camino? Hay un larguísimo y complicado etcétera.

En este capítulo se describen algunos de los procesos básicos de las redes de comunicaciones. O dicho de otro modo, los mecanismos que, sin que uno se dé cuenta, obran el «milagro» de que algo que está sucediendo en Tokio lo puedas ver desde el sofá de tu casa, o que puedas hablar por teléfono con tu abuela, que vive en Caracas, desde la cima de una montaña de los Pirineos.

1. ARQUITECTURAS DE PROTOCOLOS. COMO DIJO JACK EL DESTRIPADOR: VAMOS POR PARTES

Para poner un poco de orden, los ingenieros telemáticos y de telecomunicación agrupan todas las problemáticas antes mencionadas y diseñan las soluciones de una forma estructurada, en lo que se denomina una *arquitectura de protocolos*. Esto consiste en dotar a los elementos de la red de la capacidad para dialogar o negociar entre sí. Los protocolos son los lenguajes o idiomas que hablan estos elementos de red. Más concretamente, los protocolos son las reglas que describen la sintaxis y la semántica de estos lenguajes.

Un modelo teórico y un modelo práctico

Desde la aparición de los primeros ordenadores, se ha buscado que estos se comuniquen entre sí. Pero entonces cada ordenador era una pieza única, y resultaba complicado hacer que dos ordenadores distintos llegaran a «entenderse». A finales de los años 70 (del s. XX, se entiende), las redes de ordenadores ya estaban muy extendidas, aunque su presencia se limitaba a grandes oficinas, universidades, etc., y el problema se hizo más evidente: dependiendo de si un ordenador era de uno u otro fabricante, o de si tenía un sistema operativo u otro, no se podía comunicar más que con los de su marca y modelo. Entonces la Organización Internacional para la Estandarización (ISO - *International Organization for Standardization*) se planteó definir una arquitectura de protocolos que pudiera ser común a todos: la OSI (*Open System Interconnection*). Este sistema agrupa las funciones y protocolos de red por *capas apiladas*, de manera que cada capa es responsable de una serie de funciones.

13/ Formato de un paquete de datos

14/
a) Pila OSI de ISO
b) Pila TCP/IP

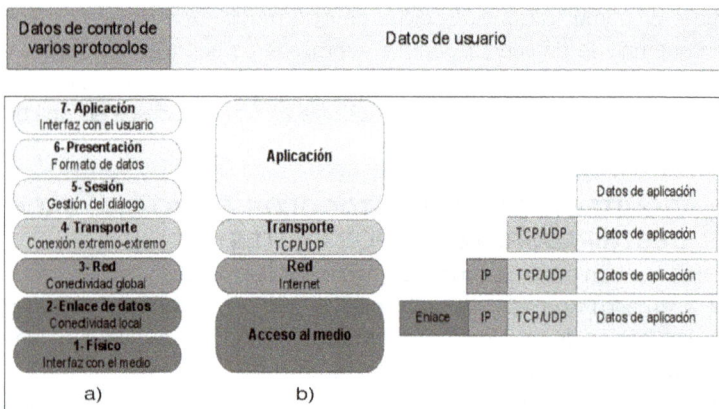

En las redes modernas, la información que envía un usuario es digitalizada (convertida en ceros y unos, o bits) y transmitida a «trozos», llamados *paquetes*. Pues bien, la comunicación con protocolos se consigue añadiendo algunos bits extras a la información de cada paquete. Esta información extra se conoce como *cabeceras* (Fig. 13). Cada capa añade las cabeceras con la información que necesita para lograr su cometido. A medida que se desciende por la pila de protocolos, estas cabeceras se van acumulando. En recepción, al ascender por la pila, cada capa lee y elimina las cabeceras correspondientes, hasta que al final queda solo la información de usuario.

Concretamente el modelo OSI define siete capas, tal y como se muestra en la figura 14a. Para entender el cometido de cada una veremos un ejemplo: la transmisión de un flujo de audio entre dos ordenadores lejanos. En primer lugar, la capa de aplicación (7) sirve como interfaz al usuario e inicia el envío tras detectar su petición. A continuación, la capa de presentación (6) establece el formato de los datos, es decir, la capa 6 del emisor tendrá que hacer saber a la capa 6 del receptor cómo leer los unos y ceros que le llegarán; los bits se tendrán que leer de una forma u otra dependiendo de si el audio está en formato mp3, wav, etc. La capa de sesión (5) gestiona el diálogo entre aplicaciones, es decir, cómo avisar a la máquina emisora para que empiece a enviar (play), cómo parar (stop), cómo reanudar el envío si este se ha interrumpido (pause), etc. La capa de transporte (4) se asegura que estos bits son recibidos por la aplicación correcta dentro del ordenador, por ejemplo que no se entregan correos electrónicos a la aplicación de chat. La capa de red (3) permite localizar a la máquina destino; para ello en primer lugar es necesario identificarlo (con un número de teléfono, una dirección IP, etc.) y luego averiguar los posibles caminos que llevan a ese destino y escoger el más adecuado (pasando a través de diferentes enlaces y diferentes elementos de red intermedios). La capa de enlace de datos (2) se encarga de la transmisión de bits entre elementos de red conectados directamente, y esto incluye asegurarse de que los bits que se reciben son iguales a los que se envían. Finalmente, la capa física (1), se limita a inyectar esos bits en el medio físico (aire, cable eléctrico, fibra óptica, etc.). En recepción, la capa 1 se encarga de detectar los bits que llegan.

El problema es que este esquema con tantas capas y una división de las tareas tan rígida puede ser demasiado complicado y resulta poco práctico. Por eso, aunque la idea era buena, el modelo OSI se ha quedado en algo teórico. En realidad, el modelo que ha triunfado ha sido el de Internet (o, más exactamente, el TCP/IP). El modelo TCP/IP también es un modelo basado en capas, pero es algo más sencillo (Fig. 14b). Por ejemplo, las capas 1 y 2 OSI se funden en una, y todos los mecanismos de las capas 5, 6 y 7 OSI conviven en la aplicación del modelo TCP/IP (firefox, e-mule, Messenger, etc. son aplicaciones del modelo TCP/IP). Las capas de transporte son muy parecidas. La capa 3 es igual a la capa Internet, donde reside el protocolo IP, que es precisamente el que da nombre a la red.

2. DIGITALIZACIÓN DE LA INFORMACIÓN: ENTRANDO EN MATRIX

Antiguamente, las redes de comunicaciones se limitaban a transportar un tipo concreto de información. Así que teníamos una red dedicada solamente a llevar tu voz al otro lado del mundo, si era necesario (red telefónica), otra red diferente para transportar texto (telegrafía), y el no va más: ¡imágenes en movimiento y con sonido (televisión)! Para cada una de ellas, se necesita toda una infraestructura muy particular, y los usuarios necesitan un dispositivo diferente. En la actualidad, esto puede sonar ya anticuado porque con un ordenador, o simplemente con un teléfono móvil, podemos transmitir y almacenar cualquier tipo de información. ¿Cómo se consigue eso? La respuesta es la digitalización. Mediante la digitalización, cualquier información (voz, música, imágenes, etc.) se transforma en un conjunto de ceros y unos (bits), simplificando su tratamiento. Precisamente, es este proceso de digitalización el que ha permitido la reciente revolución en las comunicaciones, o lo que de manera más romántica se conoce como la era de la información o la revolución digital.

2.1. Analógico y digital: Movimiento suave o a saltos

Una señal es una magnitud física que se puede medir y que varía con el tiempo. Por ejemplo, el sonido es una onda de presión que se desplaza por un medio (normalmente el aire). La cantidad medible es la amplitud de esta vibración. Estas señales son analógicas por naturaleza. La característica principal de una señal analógica es que esta cantidad medible puede tomar cualquier valor, en cualquier momento.

En cambio, una señal digital sólo puede tomar determinados valores en determinados momentos. La figura 15 representa una señal analógica, y una señal digital. Mientras que la señal analógica puede tomar cualquier valor real entre 0 y 10, por ejemplo, $1,235$, $6,12$, π, etc., los valores que toma la digital están limitados a unos dígitos concretos. En este caso, la señal digital sólo puede tomar valores enteros $(0, 1, 2, 3, \ldots 10)$. Además, la señal digital no puede cambiar de valor en cualquier momento, sólo lo hace a intervalos fijados.

¿Cómo funciona?

Vamos a ver el proceso de digitalización a través de un ejemplo. La gráfica de la figura 15a representa una oscilación producida por la voz humana. A mayor volumen de la voz, mayor amplitud, y cuanto más aguda es la voz (frecuencia más alta), más rápido varía la señal en el tiempo. Debajo, tenemos esa misma señal una vez digitalizada. Un micrófono recoge estas variaciones de presión mediante una membrana, y las transforma en una señal eléctrica también analógica. Esta señal llega al conversor analógico/digital (ADC); a su salida tendremos una secuencia de bits, pero ... ¿Cómo lo hace? El ADC sigue cuatro procesos básicos. Muestreo: cada cierto tiempo, se toma una instantánea (una «foto») de la señal analógica. Es decir, se toman muestras de la señal. En el ejemplo de la gráfica de la figura 15a, en el instante 3, la amplitud tiene un valor de 2,156.

15/
a) Señal analógica;
b) Señal digitalizada

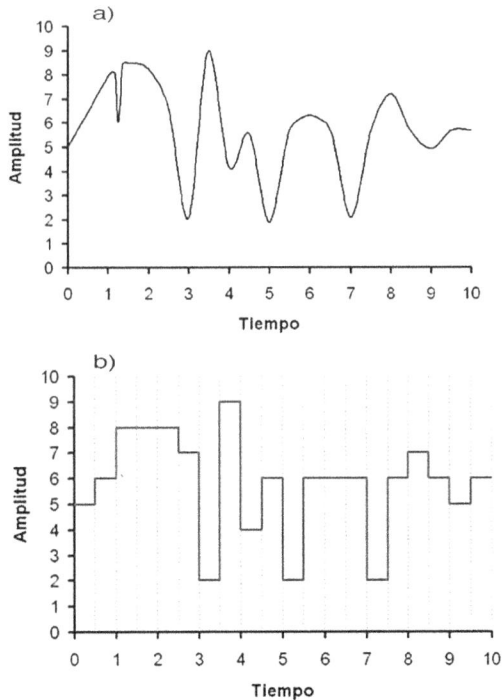

PROCESOS Y FUNCIONES EN LAS REDES DE TELECOMUNICACIÓN: 29

Retención: la «foto» se mantiene fija durante el tiempo necesario para ser tratada en la siguiente fase (cuantificación).

Cuantificación: el valor retenido de amplitud es medido con una escala que tiene unas pocas marcas. Se podría decir que en esta fase, se «redondea» el valor de la amplitud a la marca más cercana. Por ejemplo, la muestra tomada en el instante 3 (2,156) cae entre los valores 2 y 3. El cuantificador decidirá 2, que es el nivel más cercano.

Codificación: A cada posible valor que podemos encontrar a la salida del cuantificador se le asigna un valor binario. Así, 1 bit es la unidad mínima de información y puede representar sólo dos valores (0 ó 1). Con dos bits podemos representar cuatro valores, con 3 bits ocho, y en general, con n bits, 2^n valores. Por ejemplo, el valor cuantificado 2, se puede representar con 4 bits como la secuencia: 0010.

Ya en la misma figura 15b se hace evidente que se ha perdido información por el camino. Si el muestreo es poco frecuente (pocas muestras por segundo), las variaciones rápidas (frecuencias altas) de la señal analógica no se reflejarán en la digital. Esto ocurre, por ejemplo, entre los instantes 1 y 2 de la figura anterior. Para no perder esa información, el ingeniero Harry Nyquist estableció que la frecuencia de muestreo debe ser como mínimo el doble de la frecuencia máxima de la señal analógica. Por ejemplo, la frecuencia más alta que puede producir la voz humana llega típicamente a los 4 KHz (¡una soprano puede llegar a los 9 KHz!), por tanto, la frecuencia de muestreo debería ser de 8 KHz (8.000 muestras por segundo). Además, si el cuantificador tiene pocos niveles, las variaciones pequeñas de amplitud de la señal analógica se perderán. Es como medir personas con una cinta métrica que solo marque los metros. Para mejorar este problema, se usa una escala con más niveles, y por tanto, más bits por muestra. En la telefonía digital, el cuantificador puede dar a su salida 256 valores diferentes (8 bits cada muestra). Por tanto, para transportar voz humana digitalizada se necesita una red con una capacidad de 8k muestras/s × 8 bits/muestra = 64 Kbps.

3. COMPRESIÓN: PERDIENDO ESOS QUILOS DE MÁS

Un sonido o un vídeo digitalizado se guarda en un disco duro, en un DVD, se transmite por un móvil, etc. Pero esos recursos son caros (no vale lo mismo un *pendrive* de 4 GB que un disco duro de 1 TB) y por tanto, interesa reducir el tamaño de la información para que ocupe menos espacio (menos bits), o para que sea transmitida más rápidamente por el móvil (¡y que cobren menos por la conexión!). Sin embargo, reducir el tamaño de esa información significa muchas veces perder calidad.

De todas formas se puede hacer sin que apenas se note la pérdida aprovechando que los sentidos (vista, oído) del ser humano son limitados e imperfectos. Este es el caso del popular mp3. Ya hemos visto que cuantas más muestras por segundo se use en la digitalización, más altas frecuencias se podrán detectar y más bits utilizaremos. Pero resulta que el oído humano normal no puede oír sonidos agudos más allá de los 22 KHz, mientras que un perro llega a los 50 KHz, y un murciélago hasta los 100 KHz. Entonces, dado que de momento no se hacen iPods para perros, no tiene sentido una frecuencia de muestreo de más de 44 KHz (recordar lo que decía Nyquist). Adicionalmente, los inventores del mp3 se dieron cuenta que dentro del rango de frecuencias que un ser humano es capaz de oír, se da un fenómeno conocido como enmascaramiento. Cuando un tono (un silbido muy agudo) suena muy fuerte, otro tono a menor volumen y muy cercano en frecuencia (otro silbido, un poco más agudo) no será percibido por un oído normal. Por tanto, no tiene sentido malgastar bits para codificar ese segundo tono, si casi nadie lo iba a oír.

Cambiando ligeramente de tema... ¿Cómo se puede escribir una foto con unos y ceros? En primer lugar se divide la foto en pequeños puntos denominados píxeles (Fig. 16). Cada uno de estos píxeles está pintado de un solo color. Cada color se representa con una combinación de bits, de manera que cuantos más bits, más colores podremos representar. Lo más normal es usar 24 bits para representar el color (8 para la cantidad de rojo de la mezcla, 8 para el verde y 8 para el azul). Esto nos permite representar hasta 2^{24} colores (¡más de 16 millones de colores!). Si usamos muchos colores o píxeles muy pequeños, resultará que la imagen ocupará muchos bits, pero de no ser así, la imagen perderá calidad.

De nuevo intentaremos comprimir esta información, sin que el ojo humano aprecie una gran pérdida de calidad. Por ejemplo, una foto del cielo: un píxel cualquiera será muy parecido a sus vecinos (¡azul!). Las

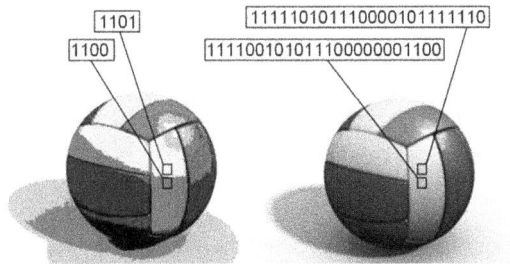

16/ Digitalización de una imagen, con 4 bits o 24 bits

1101
1100

111110101110000101111110
11110010101100000001100

técnicas de compresión de imagen buscan ahorrar bits cuando píxeles cercanos tienen prácticamente el mismo color. El vídeo, desde los hermanos Lumière, se basa en tomar muchas fotos seguidas para captar el movimiento. Luego, estas fotos, llamadas fotogramas, son reproducidas de manera que el ojo humano no distingue el cambio de una foto a la siguiente y le parece que el movimiento es continuo. Sin embargo, las fotos se tienen que pasar muy rápido (normalmente 25 fotogramas por segundo). Pero resulta que si se trata de una imagen con poco movimiento, un fotograma es casi igual que el anterior, salvo alguna pequeña diferencia. Entonces, para reducir la cantidad de información, en lugar de almacenar los bits de cada foto completa, lo que se hace es digitalizar un fotograma entero de vez en cuando, y de los fotogramas siguientes, sólo se conserva la información del trocito de la imagen que se ha movido. Los nuevos formatos multimedia, como el mp4, usan una combinación de las dos técnicas para comprimir imagen en movimiento según el estándar MPEG: por un lado agrupan los píxeles cercanos y parecidos, y por el otro, sólo digitalizan por completo algunos fotogramas. Por ejemplo, una transmisión de fútbol, donde casi todos los píxeles son siempre verdes, será más fácil de comprimir que una película de Jackie Chan.

Existe también la compresión sin pérdidas, que consiste en reducir la cantidad de bits de la información digital, de manera que luego se puede recuperar la información tal y como era antes de la compresión. A esto se dedican utilidades como ZIP, ARJ, RAR, etc. Por ejemplo, para transmitir el texto «AAA BBBBB CC», se puede reducir un 33% si enviamos: «3A 5B 2C», el receptor escribiría tres «es» seguidas, un espacio, cinco «bes», espacio, y dos «ces», recuperando así el mensaje original.

4. BITS POR TIERRA, MAR Y AIRE: CÓDIGOS DE LÍNEA Y MODULACIONES

Ya hemos visto cómo la información se convierte en un flujo de bits mediante el proceso de digitalización. Recordar que un bit es la unidad mínima de información (0/1, Sí/No, Cara/Cruz, etc.). Dicho así queda muy bonito, en un plano casi filosófico, pero para una máquina, un bit debe ser algo más concreto. Por ejemplo, los bits almacenados en el disco duro de un ordenador son en realidad pequeños «imanes»: los discos duros leen mediante una «brújula» la superficie de un material magnético (hierro, cobalto, etc.). Este material está dividido en porciones muy pequeñas (menores que una milésima parte de un milímetro) cargadas magnéticamente. Si esa pequeña porción de la superficie está cargada positivamente, tenemos almacenado un 1 y si no un 0.

Pero para enviar un bit de una máquina a otra a través de un cable o por radio ya no sirve la «brújula», debemos establecer la representación de los unos y los ceros en forma de valores de tensión, intensidad, pulsos de luz, es lo que definen los códigos de línea. Cuando estos bits se tienen que transmitir por el aire, aparecen otros problemas, para solventarlos se usan técnicas de modulación.

4.1. Códigos de línea: Para no perder el paso

Cuando se transmiten señales digitales deben establecerse los valores de los dígitos binarios (el 0 y el 1). Lo normal sería pensar que el 0 podría valer un valor negativo de voltios, -5 V, por ejemplo, y el 1 un valor positivo, 5 V (codificación denominada *No Retorno a Cero* – NRZ, figura 17a. Pero estos códigos tienen problemas cuando hay que enviar muchos bits seguidos iguales. Por ejemplo, si emisor y receptor no están

17/
a) Codificación NRZ
b) Codificación Manchester

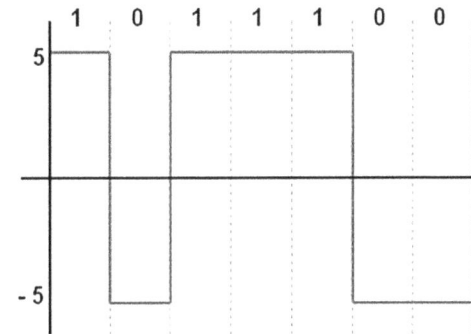

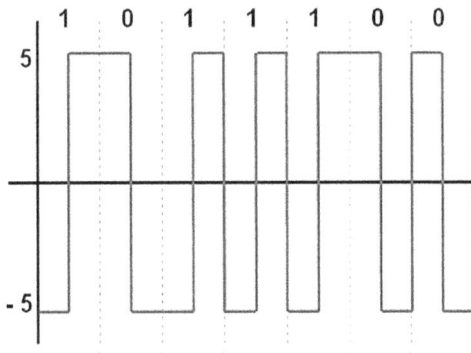

perfectamente sincronizados, el receptor se puede llegar a confundir al no saber exactamente dónde acaba un bit y dónde empieza el siguiente. En este caso se podría dejar de leer un bit. Una solución adoptada por los ingenieros de telecomunicación es escoger bits que tengan un cambio de estado incorporado. El 0, durante la mitad de su duración vale -5 V y luego cambia a 5 V durante la otra mitad. El 1, durante la primera mitad vale 5 V y durante la segunda -5 V. A esta técnica se le llama *codificación Manchester* (Fig. 17b) y es la que se utilizaba en las primeras redes Ethernet, pero existen muchas otras.

4.2. Modulaciones: Cogiendo la curva por fuera

En algunas redes es muy difícil conseguir que la señal radioeléctrica cambie de valor de forma muy rápida como sucede en las señales digitales de la figura 17. Es como querer coger una curva de 90° conduciendo un coche a 200 Km/h, seguro que nos la pegamos. Para solventar la situación hemos de suavizar las señales a enviar. Las que van realmente bien son las que cambian de forma lenta como las sinusoides. Por lo tanto, lo que vamos a hacer es cambiar las señales digitales (cuadradas) a ondas sinusoidales, esta operación se llama *modular*. De hecho, es convertir las señales digitales a analógicas porque se transmiten mejor. Pero en el fondo, la información continua siendo digital.

La modulación se basa en los generadores que crean una señal analógica sinusoidal con algún parámetro que varía en función de la información digital que queremos transmitir. Estas funciones tienen tres parámetros, su fórmula matemática es $A \cdot cos(\omega t + \phi)$: A es la amplitud (el voltaje), ω es la frecuencia y ϕ la fase. La idea consiste en cambiar alguno de estos tres parámetros en función de los datos a la entrada (en nuestro caso, ceros y unos). Así tenemos: modulación en amplitud (ASK), en frecuencia (FSK), o en fase (PSK). En la figura 18 se muestran ejemplos

18/ Modulaciones
digitales básicas

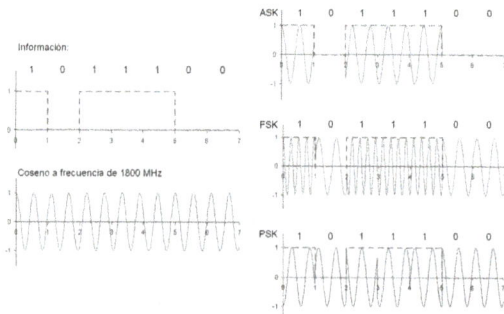

Información:

1 0 1 1 1 0 0

Coseno a frecuencia de 1800 MHz

ASK 1 0 1 1 1 0 0

FSK 1 0 1 1 1 0 0

PSK 1 0 1 1 1 0 0

de cada una. La señal ASK cambia su amplitud según los bits de entrada, multiplicando la información por la función coseno del generador. En FSK, un 0 se representa con la función seno normal y un 1 con una frecuencia ligeramente mayor. En PSK, un 1 se representa con un salto de fase de π, mientras que un 0 no tiene cambio de fase. A partir de estas modulaciones básicas, se pueden obtener otras más complicadas, pero más rápidas, o más resistentes a las interferencias.

5. CUANDO COMPARTIR ES NECESARIO: CONTROL DE ACCESO AL MEDIO

En los apartados anteriores se han discutido los beneficios de trabajar con bits y como éstos pueden ser enviados por diferentes medios (cables o radio) mediante los códigos de línea y las modulaciones. Pero, ¿siempre podemos enviar? La respuesta a esta pregunta dependerá de si el nodo que lo realiza utiliza un red en la que dispone de un enlace en propiedad (por ejemplo la red telefónica), o de si lo comparte con otros nodos (por ejemplo Ethernet, Wi-Fi, 2G/3G o Bluetooth).

Un medio dedicado permite que un nodo pueda enviar y/o recibir a voluntad. Por el contrario, un medio compartido exige que los nodos que lo comparten se pongan de acuerdo para utilizarlo de forma ordenada. Aunque ello sea más complicado, a veces no hay más remedio y además permite reducir costes.

Para compartir el medio es necesario establecer una serie de reglas que todos los nodos deben respetar. Es lo que se conoce como *mecanismos de control del acceso al medio* (MAC). Para comprender estas reglas, puede establecerse un paralelismo con lo que ocurre en una clase en la que un profesor y sus estudiantes quieren discutir un tema. Si todo el mundo empieza a expresar su opinión sin fijarse en si otras personas también están hablando, se producen lo que se denominan *colisiones*: se superpone la voz (señal) de más de una persona (nodo) y el resultado es que no se entiende nada (señal ininteligible). Es importante detectar que se ha producido una colisión porque quien expresa una opinión (fuente de la información) debe volver a expresarla (retransmitirla), pues ésta no se ha entendido.

De este ejemplo se puede extraer la necesidad de mecanismos para reducir la posibilidad de colisión, detectar las colisiones y finalmente retransmitir. Obsérvese como los tres mecanismos son imprescindibles. Si no intentamos evitar las colisiones, podríamos estar hablando a la vez continuamente. Si no detectamos las colisiones, creeremos que los demás nos entienden cuando no es así, y finalmente, detectar la colisión y no retransmitir equivale a renunciar a que nos entiendan.

Un primer mecanismo para evitar las colisiones puede ser establecer turnos. A cada persona se le asigna un turno durante el cual puede hablar por un tiempo predefinido. Este mecanismo evita las colisiones pero es poco flexible, ya que asigna tiempo tanto a persones que quieren hablar como a personas que no. Una segunda opción es escuchar antes de hablar. Es decir, si nadie habla yo puedo hacerlo. La probabilidad de colisión se reduce pero no se elimina: dos personas después de un silencio (inactividad en el enlace) pueden intentar hablar a la vez. Este mecanismo, con diferentes variantes, es utilizado en las redes LAN Ethernet y WLAN Wi-Fi. Es mucho más flexible que el anterior, ya que permite que personas (nodos) que necesitan hablar más (i.e. enviar más información) lo hagan aprovechando que otros no lo hacen. Por contra, no asegura un mínimo de tiempo a nadie.

Cuando hay una colisión se debe retransmitir la información perdida, pero ¿cuándo se debe retransmitir? El instinto nos puede conducir a hacerlo de manera inmediata, para adelantarme a mis «competidores». Sin embargo, si todas las personas (nodos) que han «colisionado» siguen la misma premisa, lo que va a pasar es que van a volver a colisionar. Para evitar este problema se crearon los algoritmos de *backoff*. Estos algoritmos definen un tiempo aleatorio que el nodo debe esperar para volver a realizar una retransmisión y un número máximo de reintentos. Siguiendo un algoritmo de este tipo, las personas que han «colisionado» al hablar tiran un dado y esperan para volver a hablar un tiempo igual al del valor que les ha salido. Puede suceder que algunos saquen el mismo valor y que la colisión se repita. En este caso se repite el proceso, pero con un dado con más caras, de manera que la probabilidad de que ambos saquen el mismo valor se reduce. El proceso se repite hasta un número máximo de veces en que, de alcanzarse, se da la comunicación por imposible.

Las dos soluciones comentadas, turnos y escuchar antes de hablar, son totalmente distribuidas. Todos los nodos que participan en la comunicación lo hacen como iguales y todos deben realizar las mismas tareas para poder compartir el enlace con éxito. Otra solución con una filosofía diferente es la pedir permiso para hablar. Esta opción exige que alguien centralice las peticiones. Por ejemplo los estudiantes pedirían permiso para hablar al profesor y sería éste quien indicaría qué estudiante puede hacerlo. Esta es la filosofía que utilizan las redes celulares de 2G o 3G. Así cada vez que, por ejemplo, el usuario (estudiante) llama a alguien, el terminal realiza una petición de acceso a la red del operador (el profesor) que es contestada con una asignación de recursos adecuada. Obsérvese cómo no habría colisión en el momento de hablar, pero sí podría haberla al pedir permiso (petición de acceso). La colisión sería detectada por el profesor (red del operador), que no dará permiso a ninguno de los estudiantes (i.e. no les asignará recursos), por lo que deberán volver a pedir permiso para hablar (i.e. retransmitirán la petición de acceso), siguiendo un algoritmo de *backoff*.

Finalmente, compartir el medio tiene otras implicaciones que, si bien menos complejas, también necesitan sus reglas. En primer lugar, es necesario definir un sistema de identificación para saber a quién va dirigida la información y quién la envía para así poder contestarle si es necesario. Estos identificadores se denominan *direcciones físicas*, porque están asociados al hardware (por ejemplo, una tarjeta de red) y su valor esta fijado por el fabricante. Este es el caso de las redes Ethernet o Wi-Fi.

6. LAS REDES DE COMUNICACIONES, UN MUNDO IMPERFECTO

No es suficiente con controlar el acceso al medio y saber transmitir información sobre él. Existen una serie de problemas que pueden producirse y que exigen de una serie de mecanismos de control. Estos mecanismos tienen como objetivo, o bien prevenir la aparición de estos problemas, o bien solucionarlos, minimizando su impacto en el peor de los casos. A continuación se explican su razón de ser y se describen las ideas básicas que los sustentan.

Control de errores de bit

Puede suceder que lo que un nodo envía no sea igual a lo que reciba el nodo receptor. Esta situación es debida a que ningún medio de transmisión está libre de errores. Así puede ser que lo que en emisión era un '0' en recepción sea un '1' y viceversa. De cara a caracterizar el comportamiento de un enlace en términos de bits erróneos, se define el parámetro BER (*Bit Error Ratio*), como la proporción de bits que se reciben incorrectamente. Valores típicos de BER pueden ser de entre 10^{-12} (un bit erróneo de cada billón) y 10^{-9} para un enlace de fibra óptica, mientras que para un enlace radio se puede llegar hasta valores de 10^{-2} (un bit erróneo de cada 100).

Pero a la hora de caracterizar un medio de transmisión no sólo es importante conocer su BER, sino también cuándo aparecen estos errores, lo que se conoce como su *patrón*. Así, en fibra óptica su patrón se considera totalmente aleatorio, es decir, algún bit muy de vez en cuando será erróneo. Por el contrario, en los enlaces de cobre, y sobre todo en los enlaces radio, suelen producirse ráfagas de errores. El motivo es que en estos medios las señales son vulnerables a las interferencias o sufren de problemas de propagación, circunstancias que de producirse conllevan a errores en varios bits consecutivos.

Los errores de bit son inevitables. Ante esta realidad debemos detectar estos errores para luego corregirlos. A tal efecto se envían más bits de los estrictamente necesarios. Estos bits extra aparecen por la utilización de alguno de los tipos de técnicas de control de errores. Estos mecanismos serán mejores en función de la relación entre el número de bits extra que añaden y la cantidad de errores que detectan o corrigen.

Veamos un ejemplo ficticio de codificación (Fig. 19). Supongamos que cada bit es enviado por quintuplicado, y el receptor primero detecta si hay error, y luego decide por mayoría cuál es el valor real del bit. Así, para enviar un '1' realmente enviamos '11111' y para un '0' enviamos '00000'. Si no se reciben todos los bits iguales, el receptor asumirá que se ha producido error y a continuación decide cuál es el valor correcto. Así, si enviamos '11111' y se recibe '11101', se detecta que ha ocurrido un error y se decide que se ha recibido un '1', lo cual es correcto. Pero si tenemos 3 errores y recibimos '10100', sabemos que ha ocurrido error, pero escogeremos un valor de '0', lo cual nos induce a una equivocación. Por lo tanto, esta técnica permite detectar hasta un máximo de 4 errores y corregir hasta un máximo de 2 errores.

Si bien no se trata de la codificación más eficiente del mundo porque estamos multiplicando por 5 los bits a enviar, permite sustentar dos ideas. La primera es que no existe codificación que detecte o corrija todos los errores. La segunda es que son necesarios más bits extra para corregir errores que para detectarlos.

Existen otras técnicas mucho más eficientes que sólo detectan errores, pero ¿de qué sirve saber que tengo información incorrecta si no puedo corregirla? Aquí es donde echamos mano de dos conceptos nuevos: la confirmación y la retransmisión. En caso de que los datos lleguen correctamente, el receptor confirma su recepción con un paquete de

19/ Ejemplo de codificación y decodificación con 6 posibles casos: 0 o más bits erróneos (bits erróneos en rojo)

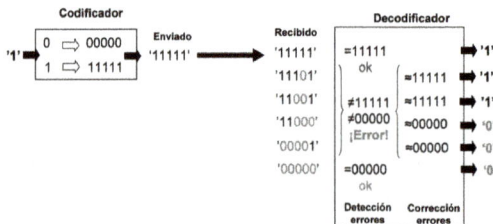

control (denominado ACK, *Acknowledgement*). En caso que el transmisor no reciba esta confirmación, volverá a enviar los datos. Es lo que se conoce como un mecanismo de retransmisión automática (ARQ, *Automatic Repeat-reQuest*).

¿Y si retransmitir no es factible?

En algunos enlaces no es posible retransmitir, por ejemplo porque son unidireccionales o no tiene sentido hacerlo porque la información, por ejemplo de voz, nos llegaría con un retardo demasiado grande. Este es el caso de las redes por satélite. La mayoría de satélites de comunicaciones se encuentran en órbita geoestacionaria, a una altura de 35.786 kilómetros. La gran distancia a la que se encuentran estos satélites supone un tiempo de propagación de más de 100 ms entre la Tierra y el satélite. Si la señal viaja de la Tierra al satélite y de éste a la Tierra para llegar al receptor y la confirmación debe realizar el camino contrario, deberemos esperar más de 400 ms para realizar una retransmisión, un tiempo demasiado grande para el caso de la voz. ¿Cuál es entonces la solución? Utilizar códigos que sí corrijan los errores, aunque se tengan que enviar muchos más bits.

Control de flujo: Háblame más despacio, ¡que no puedo escribir todo lo que me dices!

Con los mecanismos de control de errores aseguramos que la información llega correctamente al receptor. Pero, ¿qué sucede si el receptor no puede procesarla? Los nodos de la red, como las personas, tienen una capacidad de proceso limitada. Así, puede suceder que tomando apuntes alguien nos hable tan rápido que no seamos capaces de escribir (procesar) todo lo que nos dice. Este caso trasladado al mundo de las redes podría producirse cuando me descargo una canción desde mi móvil. El servidor que me envía la canción será mucho más potente que mi móvil pero deberá «hablar» (enviar la canción) a un ritmo que el móvil le marque. Un caso totalmente diferente, pero de consecuencias similares, ocurre cuando muchas personas a la vez realizan preguntas a un profesor, que llega un momento en que ya no puede atender todas las preguntas porque no es capaz de acordarse de todas ellas. Esta situación es análoga a la que se produce cuando miles o millones de usuarios con máquinas modestas consultan a la vez un mismo servidor, por ejemplo Google. Aunque el servidor sea muy potente, para atender a la llegada de tantas consultas a la vez debe limitar la cantidad de información que permite enviar de una vez a cada usuario.

El mecanismo más básico de control de flujo es el mismo que utilizaban los carreteros para detener a los caballos o mulas que tiraban de los carros: gritar «Soooooo». La recepción de esta orden por parte del emisor detiene el envío de información hasta recibir un «Aaaarre». Pero, ¿qué sucede si la orden se pierde o no es entendida (debido a errores de bit), o si la orden tarda mucho en llegar? En ambos casos el receptor puede verse «sepultado» por la cantidad de información recibida y que no ha podido procesar.

Otra filosofía totalmente opuesta es el denominado *mecanismo de parada y espera*. El emisor sólo puede enviar un trozo de información, y debe esperar a que el receptor le confirme su recepción (con un ACK) para enviar el siguiente trozo de información. Si se pierde algún paquete de datos o ha existido un error, el ACK no llegará y también servirá para darse cuenta de la situación, en este caso se volverá a enviar. Sería como decir una frase y esperar que quien me escucha asienta con la cabeza para seguir con la siguiente. Si no asiente, es señal de que no nos ha entendido y se lo repetimos.

20/ Ejemplo de ventana deslizante

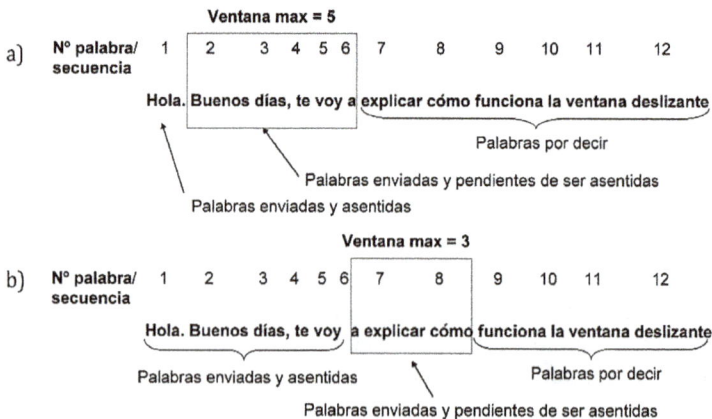

a)

| Nº palabra/ secuencia | 1 | 2 | 3 | 4 | 5 | 6 | 7 | 8 | 9 | 10 | 11 | 12 |

Ventana max = 5

Hola. Buenos días, te voy a explicar cómo funciona la ventana deslizante

Palabras por decir

Palabras enviadas y pendientes de ser asentidas

Palabras enviadas y asentidas

b)

| Nº palabra/ secuencia | 1 | 2 | 3 | 4 | 5 | 6 | 7 | 8 | 9 | 10 | 11 | 12 |

Ventana max = 3

Hola. Buenos días, te voy a explicar cómo funciona la ventana deslizante

Palabras enviadas y asentidas

Palabras por decir

Palabras enviadas y pendientes de ser asentidas

Ventanas que se deslizan

El problema que presenta el método anterior es que si los retardos de transmisión entre los dos extremos son muy grandes, cuando el transmisor acaba de enviar un paquete tendrá que esperar mucho tiempo hasta recibir la confirmación y poder enviar el siguiente paquete. Frente a esta evidencia, aparece la ventana deslizante. La ventana tiene un tamaño que podría corresponder, por ejemplo, al número de palabras que puedo decir seguidas, sin esperar una confirmación (ACK) por parte de mi interlocutor. Por ejemplo, supóngase que quiero decir la frase «Hola. Buenos días, te voy a explicar cómo funciona la ventana deslizante.» y mi interlocutor me da una ventana de cinco palabras. Entonces podré decir de golpe «Hola. Buenos días, te voy» a continuación deberé esperar la recepción de una confirmación.

Cada confirmación me indica el número de paquete de datos que confirma, en nuestro ejemplo correspondería al número de la palabra dentro de la frase original. Si la confirmación llega y me indica que ha recibido «Hola» (confirmación de la palabra 1), entonces «Hola» sale de la ventana y puedo decir «a» pero deberé volver a esperar, ya que la ventana ha vuelto a llegar a su máximo (Fig. 20 a). Es decir, a medida que digo nuevas palabras, la ventana decrece y a medida que mi interlocutor asiente, la ventana crece.

Este deslizamiento es el que da nombre al mecanismo. También puede suceder que mi interlocutor se estrese y me pida que no le diga tantas cosas de golpe. Esta situación se representa en la figura 20 b), en la que se modifica el tamaño máximo de la ventana a 3 en lugar de 5.

Control de congestión: Quién me mandaría a mí coger el coche

Asegurar que el receptor ha recibido y procesado la información no es suficiente para asegurar que una red funciona bien, ya que no nos libra de uno de los problemas más grandes que afecta a todos sus usuarios: la congestión. Para entender lo que es congestión y sus funestas consecuencias basta con coger el coche a la vuelta de un fin de semana de verano para entrar en una capital. Colas interminables que provocan el desespero de los conductores, que llegan tarde a sus casas y que en algunos casos no llegan porque desisten en su intento.

En las redes sucede lo mismo: dependiendo de las circunstancias (tráfico que generan los usuarios) algunos de sus nodos pueden entrar en congestión. Esta se produce por sobrecarga de parte o todos sus elementos de interconexión, los conmutadores. En sus colas de entrada y salida se amontonan los paquetes a un ritmo más rápido del que puede atender. A partir de aquí, sucede como con los atascos: primero tardamos más tiempo en llegar y finalmente puede ser que ni tan sólo lleguemos (pérdida de paquetes por falta de memoria).

Llegar tarde es un problema si ese día vamos a trabajar o al médico. Lo mismo sucede si la información que se retrasa es una imagen de un partido de fútbol en directo: puede que cuando se reciba no pueda reproducirse porque la secuencia a la que pertenecía ya ha sido visualizada.

¿Qué hacer? Es evidente que no se puede dejar el funcionamiento de la red al sentido común de sus usuarios, ya que como sucede con el tráfico en las carreteras, por muchas recomendaciones que nos hagan (por ejemplo, salidas escalonadas) puede ser que no hagamos caso. A partir de esta certeza se proponen dos soluciones: las preventivas y las reactivas. Las primeras intentan que la congestión no se produzca. Independientemente del estado de la red, limitan la cantidad de datos que el usuario puede enviar. Por ejemplo: de cada aula, el profesor sólo deja salir a dos alumnos cada minuto, así a la salida del instituto no habrán aglomeraciones. Las segundas detectan la congestión para luego combatirla. Por ejemplo, al igual que la policía nos puede redirigir por una ruta alternativa, los conmutadores de paquetes pueden hacer lo mismo. No es el camino previsto pero está menos colapsado. Otra medida es interactuar con los mecanismos de control de flujo limitando su funcionamiento, por ejemplo reduciendo temporalmente la medida de la ventana deslizante, lo que significa que el emisor va poder enviar menos información de golpe. Se trata de dar un respiro a los nodos intermedios que lo conectan con el receptor para que puedan vaciar sus colas.

Los cubos agujereados también sirven

Sí, admitámoslo, los ingenieros telemáticos somos algo raros, pero en cualquier caso, muy prácticos. ¿Cómo limitar la cantidad de información que un usuario puede enviar por una red? Métela en un cubo y hazle un agujero. A mayor agujero, más información puede enviar el usuario y a la inversa. Pero, ¡cuidado!, si echas demasiada agua (información) en el cubo te vas a mojar (desbordamiento).

21/ Algunos mecanismos habituales de control de admisión

Control de admisión: No es por tus zapatos, es que no cabe más gente

Una manera muy eficiente de evitar la sobrecarga en una red es aplicar mecanismos de control de admisión. Todos hemos visto carteles en establecimientos públicos con el texto «Reservado el derecho a admisión». ¿Qué significa? Pues que quien regenta el establecimiento se reserva el derecho de no dejar entrar o de echar a quien quiera.

De la misma forma en una red, cuando alguien quiere conectarse a ella, o un usuario quiere establecer una nueva conexión, la red puede comprobar si tiene suficientes recursos libres para atender estas nuevas peticiones, y en caso contrario, desestimarlas. Otra vez en las carreteras encontramos ejemplos de control de admisión. No es raro ver mensajes en los carteles luminosos de autopistas o autovías indicando que está prohibido el tránsito de vehículos pesados durante determinados días y/o a determinadas horas. Normalmente se trata de franjas de tiempo en las que se prevé mucho tráfico, por ejemplo un puente, y lo que se busca es limitar la afluencia de ciertos usuarios en favor de otros. El objetivo final es asegurar que los que circulan lo puedan hacer sin problemas. Es decir, que no sufran congestión, y si es el caso, que se les garantice un determinado nivel de servicio.

7. MULTIPLEXACIÓN Y DEMULTIPLEXACIÓN: JUNTOS PERO NO REVUELTOS

Si todos los caminos llevan a Roma, en las redes todos los caminos llevan al operador, es decir, a la empresa que nos conecta a la red telefónica o Internet. Por sus redes, y más concretamente por sus redes de troncales, circulan grandes cantidades de información. Para transportarla se utilizan mayoritariamente enlaces de fibra óptica que permiten alcanzar velocidades superiores a los terabits por segundo (Tbps). Es decir, se puede

22/ Autopista de 3 carriles: a diferencia de los coches, los bits no pueden salir del carril asignado

transmitir por un enlace más de 10^{12} bits por segundo. Esto supone, por poner un ejemplo, nada más y nada menos, que más de 15 millones y medio de llamadas de voz a la vez.

Además de esta gran capacidad, las redes de troncales necesitan mecanismos para compartirla, ya que su finalidad es la de transportar información de un gran número de usuarios. Es decir, se trata de compartir la capacidad del enlace, pero de una manera ordenada, que permita en cada momento situar los datos de un usuario para luego extraerlos correctamente. Son autopistas por las que circulan bits a toda velocidad (de aquí viene el concepto de autopistas de la información). El carril por el que circulan en un determinado tramo de la autopista determina si van salir en Zaragoza, en un enlace Barcelona-Madrid, o van a continuar hasta Madrid. Al mecanismo que realiza esta mezcla ordenada, es decir, que sitúa cada coche en su carril, se le llama *multiplexación*, y el que lo extrae para derivarlo hacia su destino *demultiplexación*.

Inicialmente la multiplexación de canales de comunicación se basaba en el uso de «carriles». Cada carril se corresponde a una banda de frecuencias donde solamente tiene acceso una comunicación. Es lo que se conoce como *multiplexación por división en frecuencia* (FDM, *Frequency-division multiplexing*). Cuanto más ancho sea el carril, más velocidad tendremos. Si queremos insertar más carriles para, por ejemplo, tener más conversaciones, debemos hacerlos más estrechos. Sin embargo llega un momento en que son tan estrechos que no son manejables. En este caso debemos buscar otra técnica, algo tan simple como tener carriles más anchos pero compartidos (esta técnica surgió más tarde porque es más complicada de implementar tecnológicamente). Para realizar esta compartición, cada comunicación dispondrá del carril durante un cierto tiempo limitado que irá rotando por turnos. Es la multiplexación por división en tiempo (TDM, *Time-division multiplexing*). Piénsese en un caso en que dos empresas deben enviar información cada 10 ms por un enlace entre Madrid y Barcelona. Si el tiempo que esta información necesita para cubrir este enlace es de 5 ms, las dos empresas pueden compartir el enlace sin que se den cuenta. Si en lugar de dos empresas como estas quiero conectar a 10, deberé conseguir un enlace en el que se pueda correr cinco veces más rápido.

Finalmente, está la *multiplexación por división en longitud de onda* (WDM, *Wavelength-division multiplexing*), que podríamos asimilar a superponer verticalmente diferentes autopistas. No necesitamos ocupar más superficie y ganamos en capacidad a base construir un «piso» encima de otros. Inviable su realización con asfalto, sencillo sobre una fibra óptica, donde cada piso es una haz de luz de un color diferente.

Multiplexación estadística:
El camello, si se agacha un poco, pasa por el agujero

Sea cual sea el mecanismo empleado, para que la multiplexación no sea un cuello de botella, la capacidad del enlace debe ser superior a la suma de las velocidades de las comunicaciones que confluyen en él. Por ejemplo, si en un enlace confluye el tráfico de 100 ADSLs de 6 Mbps, el enlace debería tener una capacidad de, como mínimo, 600 Mbps. Sin embargo, es de suponer que no todos los usuarios van a utilizar el ADSL a la vez, y quizás cuando lo utilicen no lo hagan a tope. El operador realiza estas suposiciones a partir de las estadísticas de tráfico de sus usuarios, y a partir de aquí decide que con un enlace de menor capacidad puede ser suficiente. Si la estimación es mala, difícilmente conseguiremos nuestros 6 Mbps, y esa es la diferencia entre una conexión de un operador «bueno» (por ejemplo, que dispone de un enlace de 500 Mbps) y otro «malo» (que dispone de un enlace de 200 Mbps).

Calidad de servicio: La importancia de ser puntual

Después de todo lo que hemos explicado, está claro que enviar información entre dos nodos/usuarios no es ni mucho menos un proceso simple. Pero que la información llegue no siempre es sinónimo de éxito en la comunicación. En algunos casos es crítico que el tiempo de entrega esté acotado. Piénsese lo que podría ser una conversación en que cada frase tarda uno o más segundos en llegar a su interlocutor o un juego en red en el que el disparo de uno de los jugadores no es percibido hasta mucho después por el jugador en el que impacta. En estas y otras situaciones se exige inmediatez en la comunicación. En otro caso, quiero ver la tele-

23/ Ejemplo de servicios integrados: reservar las calles para el paso de una carrera. Tramitar los permisos puede llevar meses, una red debe realizarlo en menos de un segundo

visión por Internet y necesito que mi operador me garantice una cierta velocidad, porque si no se me va a cortar la imagen. En definitiva, que la red funcione no es suficiente, sino que deben cumplirse unos mínimos en cuanto a velocidad, retardo, pérdidas. Es lo que se conoce como *calidad de servicio* y conseguirla es todo un reto.

La manera más simple de conseguir calidad es sobredimensionar. ¿Que necesitas un piso para vivir? Cómprate dos, que así seguro puedes meter todo lo que quieras dentro. El problema es evidente: el precio. Descartada esta opción, lo que queda es aguzar la inteligencia para repartir los recursos que forman una red, de manera que aquellos servicios o usuarios que necesiten y/o paguen por disfrutar de ciertos niveles de calidad la obtengan. Algunas de las técnicas más empleadas son:

- Ingeniería de tráfico: El carril bus o el carril bici podrían ser un buen ejemplo, reservo un camino libre de problemas para un determinado servicio o cliente.
- Servicios diferenciados: No todos somos iguales, y ya sea porque se paga más, o un servicio se considera más prioritario, la información que genera pasa delante de la de otros. Sería como circular en un coche de policía con sirenas, o entrar de urgencias en un hospital con un traumatismo craneal pasando delante de otro paciente con una gripe.
- Servicios integrados: Se pide a la red un determinado nivel de calidad y ésta, dinámicamente y en función de los recursos disponibles, intenta darla. Imagínate que al salir de casa por la mañana pides llegar a tu instituto en 10 minutos. La «red» echa un vistazo al tráfico, mira por donde anda el próximo bus de tu línea y finalmente te recomienda la bici, aunque otro día te puede decir el bus. Pero no sólo eso, se va a asegurar mediante la guardia urbana de que tienes el paso asegurado. Es complejo y sólo funciona sobre redes no muy grandes.

Ahorro de energía: Autonomía y sostenibilidad

Para que una red funcione, los nodos que la forman deben estar alimentados. Teléfonos, PCs o equipos de interconexión (routers, puntos de acceso, centrales telefónicas...), todos necesitan recibir alimentación de acuerdo a sus especificaciones. Pero de entre toda esta cantidad de dispositivos, existe un grupo en el que el problema de la alimentación adquiere otra dimensión. Se trata de los dispositivos móviles, ya sean teléfonos móviles, agendas, videoconsolas o portátiles. Todos necesitan de baterías para que cuando los utilicemos podamos movernos. Para estos dispositivos es crítico reducir su consumo porque esto se traduce en una mayor duración de sus baterías y por tanto en una mayor autonomía.

Este objetivo, el de aumentar la autonomía de los dispositivos móviles, ha sido y es el motor para desarrollar técnicas de ahorro de energía. Estas técnicas atañen tanto al hardware (CPU, memoria, pantalla...) como al software (sistema operativo) del dispositivo, y también a la tecnologías radio que utilizan. Básicamente, se trata de reducir la actividad del interfaz radio (por ejemplo, la de una tarjeta de red Wi-Fi o un teléfono 2G/3G). Así, en lugar de estar siempre activa, pasa a un estado durmiente en el que gasta menos batería, pero del que sale a intervalos regulares para saber si alguien quiere conectar con el terminal, y poder seguir recibiendo una llamada o un SMS.

Sin embargo, en los últimos tiempos, el aumento del precio de la energía y la toma de conciencia sobre la necesidad de avanzar hacia un mundo sostenible han situado el ahorro de energía como un objetivo clave en el desarrollo tecnológico de las redes de comunicaciones y uno de los motores de la investigación asociada a este desarrollo. A finales del primer decenio del siglo XXI, no es extraño encontrar el prefijo verde (Green) vinculado a las redes de comunicaciones como símbolo de su objetivo de reducir el consumo, y que empresas como Google se planteen montar sus servidores en países fríos o en barcos en alta mar para facilitar su refrigeración.

Pero, ¿realmente consumen tanto las redes? Un estudio publicado en el 2008 sitúa el consumo de sólo los EEUU en 112 TWh, equivalente a 6 centrales nucleares, con una factura asociada de 15 billones de dólares. Ante tales «minucias», ya hay quien se dedica a calcular las emisiones de CO_2 asociadas a realizar una búsqueda con Google.

8. SEGURIDAD

Muchos siglos antes de la Era Digital, la seguridad de la información era ya considerada una cuestión importante. Julio César utilizaba técnicas

24/ Máquina Enigma

A → D	J → M	R → U
B → E	K → N	S → V
C → F	L → Ñ	T → W
D → G	M → O	U → X
E → H	N → P	V → Y
F → I	Ñ → Q	W → Z
G → J	O → R	X → A
H → K	P → S	Y → B
I → L	Q → T	Z → C

de *cifrado* o *encriptación* para evitar que los mensajes enviados a sus generales fueran descifrados en el caso de que los mensajeros fueran «interceptados» por el enemigo. Era una técnica bien sencilla, consistía en un alfabeto «desplazado»: cada letra del mensaje es reemplazada por otra, a un cierto número de letras de distancia. El código de César usaba un desplazamiento de 3: una *A* se convertía en una *D*, una *B* en una *E*, etc. Por ejemplo, una famosa frase de Julio César –«Apresúrate despacio»– quedaría: «Dsuhvxudwh ghvsdflr». Irreconocible. Estos mecanismos siguieron mejorando a lo largo de la historia. Durante la II Guerra Mundial, por ejemplo, fueron muy conocidas las máquinas Enigma, una especie de máquina de escribir utilizada por los alemanes que cifraba automáticamente los mensajes. Los aliados lograron romper esos códigos con complejos análisis matemáticos y con la ayuda de los primeros ordenadores.

Hoy en día, cualquiera de esas técnicas sería muy poco útil para guardar ningún secreto. Actualmente se requieren mecanismos mucho más complicados. El código de César o la máquina Enigma proporcionaban confidencialidad, pero hay otros conceptos sobre seguridad que son necesarios en las redes actuales:

– *La confidencialidad* busca que la información sea solo accesible para aquellas personas autorizadas. Esto se consigue normalmente mediante la *criptografía*, o el arte de «esconder» la información. Como hacía Julio César, sólo aquellos que conocían el método (alfabeto desplazado) y la clave de cifrado (desplazamiento de tres letras) podían acceder a la información, que permanecía oculta e irreconocible para todos los demás. ¿Hqwlhqghv? Cuando la clave de cifrado es compartida por todos los interesados, se habla de un sistema de *cifrado de clave simétrica*, ya que la misma clave se usa para cifrar y para descifrar. De entre estos sistemas, uno de los más populares actualmente es el AES (*Advanced Encryption Standard*), usado por el gobierno de los EEUU para cifrar su documentación «clasificada», y también usado en redes Wi-Fi con WPA2.

– En otros casos, puede que no importe que otros puedan leer el mensaje, pero sí que es vital poder estar seguro que nadie ha alterado el mensaje por el camino (accidental o intencionadamente). Esta propiedad se conoce como *integridad de los datos*. Para asegurar la integridad se usan técnicas *checksum* o *hash*, como MD5 o SHA-1. A partir de los bits de una información digital, la función de *hash* proporciona un conjunto de bits mucho más reducido que en la información original, un resumen. Estos bits se añaden al final de los datos. El receptor de esa información hace la misma operación con los datos, obtiene un *hash* y lo compara con el *hash* que venía con el mensaje. Si se ha cambiado un solo bit, el resultado será totalmente diferente y el receptor detectará que los datos no son fiables.

– Además de integridad y confidencialidad, la seguridad se garantiza si se cumplen otras propiedades. La *disponibilidad* consiste en asegurar que la información está siempre disponible (para aquellos usuarios autorizados), eso incluye la defensa contra ataques de denegación de servicio (DoS), que consisten en sobrecargar una máquina o una red, de manera que se impide que los usuarios legítimos puedan acceder. El *no repudio* es la propiedad que evita que alguien pueda negar algo que efectivamente ha hecho. Finalmente, la *autenticidad* permite garantizar que una información proviene realmente de quien creemos que proviene.

Criptografía asimétrica

Antes ya se han mencionado las técnicas de clave simétrica (misma clave para cifrar y para descifrar), pero también hay *criptografía asimétrica*, donde se usan dos claves diferentes: una se denomina *clave pública* y la otra *privada*. Ambas están relacionadas. Si se cifra con la clave pública, se debe descifrar con la privada, y si se cifra con la privada se debe descifrar con la pública. Si se intenta cifrar y descifrar con la misma no funciona.

Si alguien quiere enviarme algo a mí, cifra el contenido del mensaje con mi clave pública (que todos conocen), pero solamente yo, con mi clave privada, seré capaz de descifrar el mensaje. Si una tercera persona, que también conoce mi clave pública, intenta descifrar el mensaje no podrá, ya que, como hemos dicho, el sistema no funciona si se intenta descifrar con la misma clave con la que se ha cifrado. Lo único que tengo que hacer es estar seguro de no decir a nadie mi clave privada.

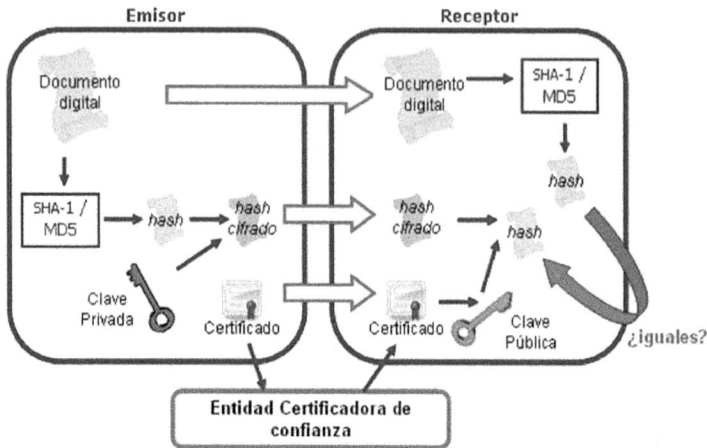

Emisor · Receptor

- Documento digital
- SHA-1 / MD5
- hash
- Clave Privada
- hash cifrado
- Certificado
- Documento digital
- SHA-1 / MD5
- hash
- hash cifrado
- hash
- Certificado
- Clave Pública
- ¿iguales?

Entidad Certificadora de confianza

26/ Proceso de compro-
bación de firma digital

Los sistemas de clave pública se usan también para la firma digital. La firma digital sirve para estar seguro de que quien envía un mensaje es realmente quien dice ser. La idea se basa en que esta persona es la única que conoce su clave. Para firmar digitalmente un mensaje calculamos un resumen del mensaje (*hash*) y a continuación lo ciframos con nuestra clave privada, el resultado es la firma del documento. Quien quiera autenticar este mensaje, toma la firma del documento y con la clave pública del usuario que lo ha firmado se descifra el resumen. Por otra parte, con el documento recibido se calcula otra vez el resumen, si ambos coinciden querrá decir que quien lo ha firmado es realmente el dueño de la firma privada correspondiente, y como nadie más la conoce, tiene que ser la persona que dice que es (autenticidad y no repudio).

¿Qué pasa si otra persona pone al alcance de todo el mundo su clave pública y va diciendo que es la mía? Pues que esa persona podrá descifrar toda la información que me envíen a mí porque los demás creerán que aquella clave pública es realmente la mía, cuando no lo es. Además esa persona podrá firmar documentos digitalmente, y todo el mundo creerá que yo soy el autor. Para evitar esto, la clave pública suele estar acompañada de un certificado digital. Estos certificados provienen de sitios «de confianza» para todo el mundo, como la Fábrica Nacional de Moneda y Timbre, el Ministerio de Interior, etc. Cuando alguien quiere estar seguro de que una clave pública es auténtica, consulta el certificado y pregunta a esa entidad de confianza si la clave pública es realmente la que corresponde a ese usuario.

Seguridad de las redes

También se necesita seguridad en las redes, no sólo para salvaguardar la información, sino sus recursos. Dicho de otra forma, se debe asegurar que un vecino malintencionado no usa tu router Wi-Fi, ni que otra persona cambia tus fotos del Facebook, etc. Esto se consigue mediante mecanismos AAA (*Authentication, Access control, Accounting*), que en inglés viene a ser: autenticación, control de acceso y contabilidad.

La primera A es la que se encarga de identificar a los usuarios (o máquinas) que quieren acceder a una red o a un servicio. Esto se suele hacer mediante un identificador de usuario (*login*) y una clave (*password*). Se supone que si conoces ambos datos, eres sin duda el auténtico usuario que dices ser. A veces con una clave basta, como en algunas redes Wi-Fi: cualquier usuario que conozca ese *password*, es un usuario legítimo.

Una vez te has identificado, mediante el control de acceso se establecen los permisos que tienes en esa red. Por ejemplo, un usuario autenticado de Facebook sólo tiene permiso para modificar su propio perfil, y no puede cambiar el de otros usuarios.

Finalmente, la contabilidad permite llevar la cuenta del uso que hace el usuario. Esta información se usa después para temas de facturación, planificación, u otros propósitos. Son estos mecanismos los que vigilan que tu buzón no ocupe más espacio del que te toca si tienes una cuenta de correo Gmail o Hotmail, o los que calculan cuánto tiempo has hablado por teléfono para cobrarte a fin de mes.

3

REDES, PERO SIN PECES

En el capítulo anterior hemos visto las principales funciones que permiten que una red de telecomunicaciones funcione. Son muchas y muy complicadas, además no es necesario utilizarlas todas de golpe. De hecho, el elegir unas u otras o la forma de hacer una determinada tarea da lugar a un gran abanico de redes diferentes.

En este capítulo se presentan las características de aquellos nombres que tanto suenan: Wi-Fi, redes de banda ancha, UMTS, ADSL... Sabemos que todo son redes, pero se hace difícil saber cuándo se debe usar una u otra o qué prestaciones se puede esperar de cada una de ellas.

Antes de empezar hagámonos una pregunta, ¿Sería posible que el AVE llegara hasta la puerta de nuestra casa? ¿Y hasta la puerta de la casa de cada uno? No hace falta ser ingeniero de infraestructuras ferroviarias para concluir que no sería ni práctico (quizás dejaría de ser AVE) ni viable económicamente. Por contra, sí que se podría disponer de una red de caminos que permitiera ir desde el portal de cada uno hasta el portal de cualquier persona de la misma ciudad, del mismo país o, incluso, de cualquier parte del mundo. Por estos caminos solo se podría ir caminando o en *montain bike*, de manera que se podrían superar fácilmente las irregularidades del camino (desniveles pronunciados, diferentes tipos de suelo y anchura, etc.), aunque la velocidad a la que se podría hacer nuestro viaje sería muy pequeña.

27/ ¿Puede llegar el AVE a la casa de cada uno?

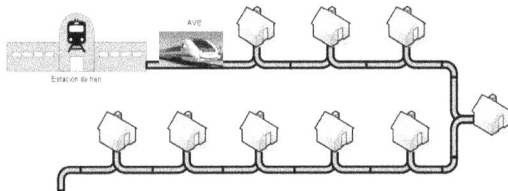

La situación ideal sería aquella que permitiera aprovechar las ventajas de las dos alternativas de transporte que se han planteado: la velocidad del AVE y la accesibilidad de los caminos. Para ello se puede dividir la infraestructura de transporte en dos partes: una construida para que el AVE pueda ir a su velocidad máxima y otra pensada para que pueda llegar a todas las personas. Además, se debe pensar en cómo unimos estas dos partes: a través de las estaciones del AVE. Así, por ejemplo, se podria disponer de una red de autobuses urbanos o una flota de taxis que permitiera recoger a las personas en su casa y llevarlas rápidamente hasta la estación del AVE más próxima. Si la frecuencia de paso del AVE fuera suficientemente elevada y los autobuses hicieran su recorrido en un tiempo pequeño, se podría conseguir un servicio de transporte de portal a portal con una velocidad media elevada.

Trasladando este ejemplo de la vida cotidiana a las redes de telecomunicaciones, nos encontramos con la división de una red de comunicaciones en la red de acceso (equivalente a la red de autobuses) y la red de transporte o troncal (equivalente a la red de trenes AVE).

Las redes de comunicación deben llegar a todos los usuarios que las deseen usar y al mismo tiempo deben dar el servicio adecuado para estos usuarios. Por ejemplo, si un usuario usa un servicio de televisión de alta definición, deberá disponer de una velocidad de transmisión por encima de los 10 Mbps. Para conseguir estos objetivos, no puede tratarse de igual forma una red que debe cubrir centenares de kilómetros de distancia entre los puntos a comunicar que una red que debe comunicar grandes grupos de usuarios (decenas de miles) separados unos pocos kilómetros o dispersos por un área geográfica mas o menos extensa.

Es por todo esto que el diseño actual de las redes distingue entre red de acceso y red troncal o de transporte. La red troncal permite

28/ Red de acceso y
red de transporte

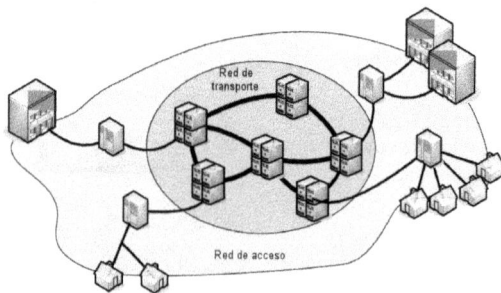

comunicar de forma eficiente puntos muy distantes, mientras que la red de acceso comunica de forma óptima un gran número de puntos cercanos.

1. REDES DE ACCESO FIJAS: LAS QUE TIENEN CABLES

Las redes de acceso han evolucionado de forma importante en los últimos quince años gracias a los servicios relacionados con la televisión digital y, especialmente, a los servicios de acceso a Internet de banda ancha (que permiten velocidades de hasta 20 Mbps sin demasiadas dificultades, o incluso hasta 100 Mbps en determinados sistemas mas complejos que todavía no están al alcance de todos). Para estos y otros muchos servicios que requieren velocidades de descarga por encima de 1 Mbps, ha sido necesario diseñar nuevas redes de acceso que permitan a cualquier usuario, esté donde esté, acceder a servicios actuales y futuros relacionados con la comunicación de datos y la comunicación multimedia.

Desde el punto de vista tecnológico, podemos encontrar varias alternativas de red de acceso. Algunas de ellas ya están desplegadas, mientras que otras todavía se encuentran en fase de investigación o desarrollo. En los siguientes apartados se dará un repaso a las principales alternativas de red de acceso que podemos encontrar actualmente. Se empezará tratando las particularidades del sistema telefónico para ver cómo se transmitían datos hasta hace unos años y para ver las características que condicionan el desarrollo de los sistemas actuales. Se explicará cómo aprovechar la línea telefónica para transmitir datos a alta velocidad y cómo se va extendiendo cada día más la fibra óptica en este tipo de redes. Finalmente, se presentarán algunas implicaciones técnicas que han surgido en nuestro país al pasar del monopolio de Telefónica a la liberalización del mercado de las telecomunicaciones y la aparición de muchos otros operadores.

1.1. Bucles analógicos, esos cables negros colgados de las fachadas

El bucle de abonado, que es el nombre que recibe el cable que conecta un usuario telefónico con la central local de conmutación que le da servicio (Fig. 29), es uno de los componentes principales de la red de acceso del sistema telefónico. El cable que forma el bucle de abonado, en general, consiste en un par de cobre trenzado. Es decir, dos hilos conductores aislados eléctricamente y trenzados entre sí que van por fachadas de las casas (Fig. 30) o soterrados bajo la calle y van entrando en los edificios

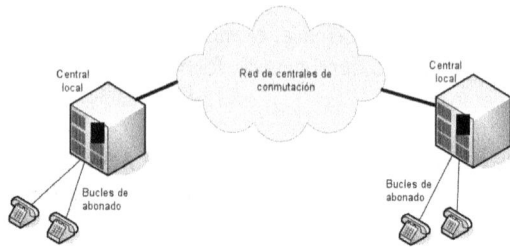

Central
local

Red de centrales de
conmutación

Central
local

Bucles de
abonado

Bucles de
abonado

por diferentes orificios. El hecho de estar trenzado no es casual: ello le proporciona mejores cualidades para la transmisión de señales eléctricas y para disminuir la influencia de señales que viajan por otros cables vecinos que podrían producir algún tipo de interferencia (técnicamente, diafonía).

En el servicio de telefonía básico (el teléfono normal) la evolución más importante ha tenido lugar en la red de transporte: voz digital, mayor capacidad, servicios inteligentes (multiconferencia, desvío de llamada, llamada en espera...). En cambio, la parte correspondiente a la red de acceso prácticamente no ha cambiado en los últimos 100 años. Mientras que en la red troncal se ha evolucionado hacia la aplicación de técnicas de transmisión digital, en la red de acceso se siguen utilizando técnicas de transmisión analógicas muy sencillas.

Aparte de la voz, también resulta muy útil poder utilizar el mismo bucle de abonado para transmitir datos entre ordenadores. Tradicionalmente, la forma de transmitir datos a gran distancia estuvo basada en la utilización de un canal telefónico entre ambos equipos. Sin embargo, la capacidad de transmisión (la cantidad de bits por segundo) de un circuito telefónico está muy limitada, ya que el sistema telefónico se diseñó para transmitir voz a baja calidad y no datos.

De todas formas, resultaba muy atractivo poder utilizar esta infraestructura ya disponible, por lo que se buscó alguna forma de adaptarla. El resultado fue el diseño de un dispositivo que llamamos módem telefóni-

co (nombre que proviene de la contracción de los términos modulador y demodulador). Conectando el ordenador a un módem y éste a la línea telefónica, permite adaptar la señal digital correspondiente a los datos que provienen de un ordenador a señales analógicas adecuadas para viajar por el circuito telefónico.

Esta función de adaptación ha evolucionado desde sus primeras aplicaciones en los años sesenta, con velocidades de transmisión de 300 bps, hasta alrededor de 100 Kbps (100000 bps) de los sistemas actuales, que combinan técnicas de modulación avanzadas con sofisticadas técnicas de corrección de errores y de compresión de datos. Pero esta capacidad puede considerarse un límite, ya que es muy difícil mejorarla debido al poco ancho de banda disponible (sólo dispone de 3100 Hz).

Si queremos transmitir datos con una velocidad mayor que la que permiten los módems, deberemos prescindir del circuito telefónico tradicional y usar el bucle de abonado de una forma diferente. Esto es lo que veremos en el siguiente apartado: ¿Cómo podemos aprovechar el cable del bucle de abonado sin tener la limitación que impone el circuito telefónico? Esto será posible gracias al planteamiento de los sistemas de comunicación que hay detrás del denominado DSL (*Digital Subscriber Line*, o línea de abonado digital).

1.2. Redes de acceso basadas en el bucle de abonado digital: Mucho márketing pero poca longitud

Las tecnologías xDSL dan respuesta a un desafío tecnológico importante: ¿cómo se puede aprovechar al máximo la capacidad de transmisión del bucle de abonado para transportar datos a alta velocidad? Cuando los datos llegan a la central local, entran en la red de transporte que es de gran capacidad y no presenta restricciones. Por lo tanto, el cuello de botella se encuentra en el bucle de abonado. Así, los esfuerzos de diseño de xDSL se concentraron en conseguir técnicas de transmisión (especialmente técnicas de modulación) capaces de exprimir hasta el último bit por segundo de capacidad del bucle de abonado.

La solución a este reto no es sencilla, debido a que el bucle de abonado se convierte en un medio de transmisión cada vez más hostil cuando queremos transmitir datos a alta velocidad (por encima de 1 Mbps, aproximadamente). Se tuvieron que desarrollar técnicas sofisticadas basadas en el procesamiento digital de la señal y nuevos protocolos de comunicación. Actualmente, este campo de la tecnología está todavía en estudio y van surgiendo nuevas propuestas de mejora.

El principal problema radica en que se pueden conseguir altas velocidades, pero únicamente a cortas distancias. De hecho, lo que ocurre es que, a más distancia, menos velocidad. De esta forma, como el bucle de abonado puede tener desde pocos metros (si vivimos al lado de la central telefónica) hasta varios kilómetros, el rango de velocidades que podemos encontrarnos es muy grande.

	Velocidad Bajada (Mbps)	Velocidad Subida (Mbps)
ADSL	8	1
ADSL2	12	1
ADSL2+	24	1,2
VDSL1	55	6,5
VDSL2	250	6,5

Tabla 1: Comparación de velocidades de las tecnologías ADSL y VDSL

Existen diversas tecnologías DSL (de ahí que usemos las siglas xDSL), de entre ellas la más popular es la llamada ADSL (*Asymetric Digital Subscriber Line*). Su gran ventaja es que se adapta a las necesidades de los usuarios particulares que quieren más ancho de banda de bajada que de subida; por esta razón, a esta tecnología DSL se le llama asimétrica. Además permite llegar a distancias considerables. Sin embargo, en los últimos años le ha salido un fiero competidor, el VDSL (*Very high bit-rate Digital Subscriber Line*) que permite unas velocidades mucho más elevadas, pero sólo a cortas distancias (Tabla 1 y Fig. 31). Estas capacidades no tienen por qué coincidir con las que percibe el usuario final. Por un lado, las condiciones particulares de cada bucle de abonado pueden hacer variar el límite máximo de forma importante y, por otro lado, el operador de telecomunicaciones que proporciona el servicio puede ofrecerlo con unos valores de capacidad in-

31/ Relación entre la velocidad y la distancia de las tecnologías ADSL y VDSL

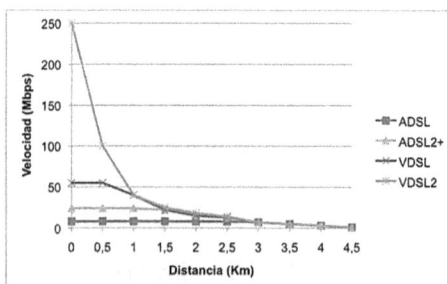

feriores a los máximos de la tecnología. Esto permite al operador asegurar el servicio a todos los usuarios (independientemente de las condiciones de bucle que tengan) y poder transportar todos los flujos de datos que estos usuarios generarán en los dos sentidos de la comunicación.

Las modulaciones tradicionales se basan en coger la señal de entrada y modularla utilizando toda la capacidad del cable a la vez. En cambio, las tecnologías xDSL se basan en modular la señal de entrada en forma de pequeños trozos como si fueran subcanales en cada uno de los cuales se aplican técnicas de modulación sencillas para transmitir una parte del conjunto de datos que se quieren transmitir. Aunque cada subcanal tiene una capacidad pequeña, la suma de todos ellos nos permite tener una capacidad total de transmisión que puede llegar a las velocidades de la tabla 1. Por ejemplo, en el sistema ADSL actual se definen 256 subcanales. Esta técnica de transmisión recibe el nombre de modulación DMT (*Discrete Multi-Tone* o multitonos discretos) y es uno de los tipos de modulación multiportadora. La ventaja de la modulación DMT es que los subcanales se tratan de forma independiente los unos de los otros, de forma que, si uno de ellos no tiene buenas condiciones para transmitir datos, se puede utilizar para transmitir menos datos o, incluso, no transmitir por ese subcanal. Esta técnica permite aprovechar muy bien la capacidad del bucle de abonado teniendo en cuenta las condiciones particulares a las que está sometida cada componente frecuencial de la señal que se transmite.

Una característica de ADSL que es importante destacar es su compatibilidad con el servicio telefónico básico. Es decir, por el mismo bucle de abonado un usuario puede estar llamando por teléfono a otra persona y al mismo tiempo puede estar transmitiendo datos, por ejemplo accediendo a páginas web a través de Internet, desde su ordenador personal. Esto, que ahora puede parecer tan natural, no era posible cuando el acceso a Internet se hacía a través de un módem telefónico: o hablabas por teléfono o transmitías datos, pero las dos funciones al mismo tiempo no era posible.

Desde el punto de vista de un usuario, también es importante conocer que dispositivos necesita y como los debe conectar a la línea telefónica. En la figura 32 se muestra un esquema de los diferentes componentes y su conexionado. Los elementos ATU-C y ATU-R (*ADSL Terminal Unit – Central/Remote*) son los elementos que realmente convierten un bucle de abonado en una línea ADSL: llevan a cabo todas las funciones relacionadas con la transmisión sobre el par de cobre, como es, por ejemplo, la modulación y desmodulación, así como la funciones de interconexión de los elementos que existen en cada extremo. Se puede decir que el ATU-R es el corazón de lo que llamamos módem ADSL (o router ADSL,

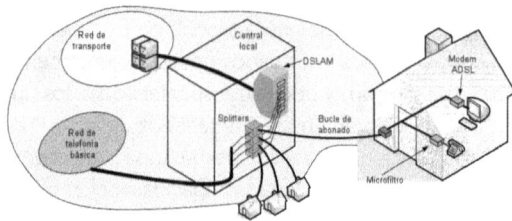

según las funciones complementarias que haga) y lo podemos encontrar como un dispositivo externo que se conecta al ordenador a través de una conexión USB o una conexión LAN Ethernet. El ATU-C es la parte principal del módem ADSL que hay en el otro extremo del bucle de abonado y pertenece al operador de la red de acceso. Normalmente, este módem no se ve como un dispositivo individual, sino que forma parte del equipo que llamamos DSLAM (*Digital Subscriber Line Access Multiplexer*, o multiplexor de acceso de línea de abonado digital), que estará situado en la central local del bucle de abonado. De esta forma, un DSLAM está conectado a un conjunto de bucles de abonado y por cada una de ellos dispone de la parte ATU-C del módem ADSL. Otra de las funciones del DSLAM es la de concentrar o agregar las transmisiones de datos que provienen de los usuarios hacia la red de transporte, y viceversa.

Para separar los dos servicios, telefonía y ADSL, en la central local se coloca un elemento llamado *splitter* (divisor), que en el caso de ADSL consiste en un circuito que tiene tres puntos de conexión: uno para conectar el bucle de abonado, otro para conectar el servicio ADSL y otro para conectar el servicio telefónico. En el lado del usuario no se acostumbra a usar un *splitter*, sino que se instala un elemento llamado *microfiltro*, que se conecta únicamente entre el terminal telefónico y la línea interna, después del bucle de abonado. De este modo, la instalación del servicio ADSL desde el punto de vista del usuario es más sencilla y no repercute en la calidad de la transmisión ADSL, siempre que no se instalen más de 3 microfiltros sobre la misma línea de usuario.

1.3. Redes de acceso basadas en fibra óptica: superando el límite de velocidad

Desde la invención de la fibra óptica siempre se ha considerado que la transmisión a través de ella permitiría capacidades ilimitadas y ventajas innumerables, como por ejemplo su inmunidad a las interferencias o la baja atenuación de la señal en relación a cualquier otro tipo de cable. Si bien es verdad que la fibra óptica se ha introducido y ha sustituido al cable de

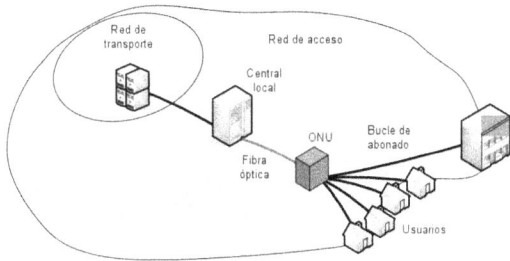

33/ Red de acceso basada en VDSL. VDSL solamente se aplica sobre el bucle de abonado, entre la ONU y el usuario

cobre en prácticamente todas las redes de transporte, su uso en la red de acceso es todavía muy limitado. Una forma de abaratar su instalación es la utilización de redes híbridas, una parte con fibra óptica y una parte con cable de cobre (Fig. 33). Son las denominadas *redes FTTx*.

FTTx

Existen varios tipos de red que plantean la combinación de la fibra óptica con otro medio de transmisión: cable de par trenzado, cable coaxial o, incluso, la transmisión por RF (radio frecuencia). Para todas ellas se considera el despliegue de la fibra óptica sólo en la primera parte de la red de acceso, desde la central local (o cabecera) hasta un punto intermedio antes de llegar al usuario final (ONU – *Optical Network Unit*). Así, nos referimos de forma genérica a este conjunto de arquitecturas como FTTx (*Fiber To The x*, es decir, fibra hasta x), dando lugar a FTTN, FTTC, FTTB y FTTH (hasta el nodo, hasta la manzana/*curb*, hasta el edificio/*building* y hasta el hogar, respectivamente), entre las más importantes.

En los últimos años se está impulsando de forma importante la arquitectura FTTH, donde todo el trayecto hasta la entrada al hogar del usuario se hace únicamente con fibra óptica, y se completa con cable de par trenzado para desplegar la red interna del usuario. FTTH promete

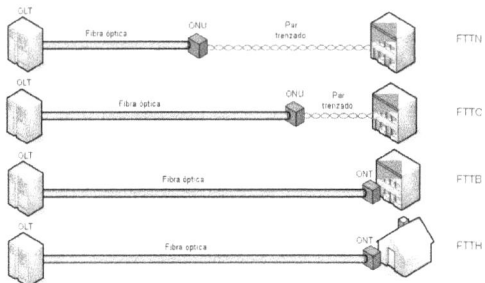

34/ Diferentes alternativas de FTTx

un incremento destacado de la capacidad de la red de acceso, cuyas velocidades mínimas rondan los 40 Mbps. Ello permitirá un aumento de los servicios que el usuario final podrá obtener, como el acceso a la televisión de alta definición (HDTV), juegos multimedia interactivos en red o compartir y distribuir ficheros de audio/vídeo, por citar algunos de los más representativos.

FTTH presenta desafíos importantes, como por ejemplo cuál debe ser la forma idónea de desplegar la fibra hasta el hogar para que se pueda aprovechar al máximo su capacidad sin que aparezcan problemas de funcionamiento ni de coste cuando se aplica a un conjunto de usuarios cada vez mayor (es lo que se llama *escalabilidad*). Una de las configuraciones más usadas es la basada en PON (*Passive Optical Network*, que trataremos más adelante), y que permite que una parte del trayecto de una misma fibra sea compartida por un grupo de usuarios. Existen otras propuestas que se basan en conectar la central local y cada usuario con una fibra sin compartir: es lo que se llama una *configuración punto a punto*. Aunque este caso es más simple que la configuración PON y permite asegurar más capacidad para cada usuario, no es interesante desde el punto de vista de coste y escalabilidad.

PON: Passive Optical Network

Como ya hemos comentado anteriormente, la fibra óptica se va extendiendo poco a poco para acercarse cada vez más al usuario final. En este proceso uno de los objetivos clave es reducir el coste tanto de instalación como de mantenimiento de la red de fibra óptica. Este coste depende del número de fibras a instalar para poder llegar a cada usuario y de los elementos activos que componen esta red.

En las PON se propone usar una fibra óptica que se extiende desde la central local y que abastecerá a varios usuarios (Fig. 35). Para compartir la fibra entre un grupo de usuarios, se instala un elemento de bifurcación,

35/ Ejemplo de una red de acceso FTTH basada en PON

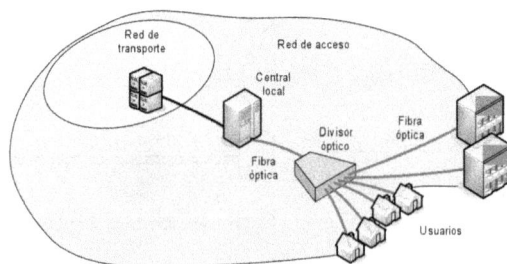

36/ Splitter o divisor óptico pasivo utilizado en PON

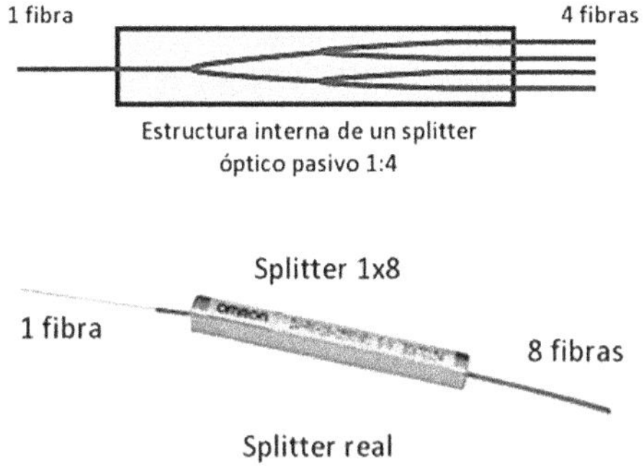

1 fibra   4 fibras

Estructura interna de un splitter óptico pasivo 1:4

Splitter 1x8

1 fibra   8 fibras

Splitter real

un divisor o *splitter* óptico pasivo (Fig. 36), en la fibra principal que conectará ésta a un conjunto de nuevas fibras, cada una de las cuales llegará hasta el usuario final de forma individual. Esta configuración permite reducir el coste de la infraestructura porque se reduce el número de equipos a usar. De hecho, sólo se requiere uno en la central local y uno por cada usuario del grupo. Además, en la mayor parte del camino solamente se requiere una fibra óptica, la principal. El uso de un divisor pasivo también simplifica el mantenimiento y la instalación, pues no requiere el despliegue de una red de alimentación eléctrica paralela y porque es más fiable, es decir, funciona sin problemas durante más tiempo.

El principal reto de una PON está relacionado con la comunicación en el sentido ascendente, es decir, de usuario hacia la red de transporte: ¿Cómo deberán transmitir los usuarios para que no se «mezclen» sus datos cuando sus transmisiones lleguen al divisor de camino hacia la central local? Un ejemplo de solución lo podemos encontrar en el caso de las llamadas EPON: redes PON que transmiten tramas Ethernet ópticas. La idea de base para esta solución consiste en que cada ONU (unidad de red óptica) debe transmitir las trama del usuario en un instante de tiempo diferente que el resto de ONU que comparten la misma fibra prin-

37/ Mecanismo para compartir el canal de subida en una red de acceso EPON

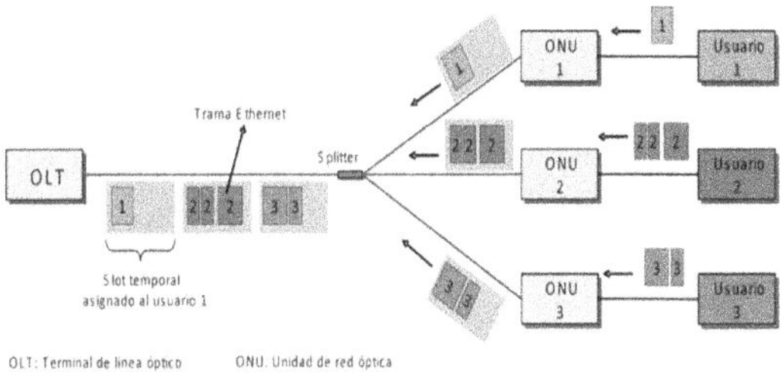

OLT: Terminal de línea óptico   ONU: Unidad de red óptica

cipal. El problema es que cada ONU no sabe cuándo van a transmitir las otras y, además, el tiempo para llegar hasta el divisor puede ser diferente para cada una. Por tanto, se propone que el dispositivo que está situado en la central local, llamado OLT o *terminal de línea óptica*, indique a cada usuario en qué instante debe transmitir su trama, de manera que cuando lleguen al divisor confluyan de forma ordenada sin solaparse, tal como podemos observar en la figura 37. También podemos apreciar que cada ONU tendrá un espacio de tiempo asignado, que llamamos *slot temporal*, durante el cual podrá transmitir varias tramas en secuencia, si tuviera más de una trama pendiente de ser transmitida.

FiWi

Bajo el concepto FiWi (*Fibre-Wireless*, es decir, Fibra-Inalámbrico) se plantea otro tipo de red de acceso que combina fibra óptica y transmisión inalámbrica.

La ventaja que tenemos con FiWi es que se combina la gran capacidad y fiabilidad de la fibra óptica con la flexibilidad de conectividad de los enlaces inalámbricos, así como su sencillez de instalación y facilidad para llegar a cualquier punto dentro de su área de cobertura. En los casos anteriores se ha visto que el usuario siempre está atado a una conexión física. Es decir, depende de la posibilidad de poder conectar sus equipos a un cable que tiene que llegar hasta su emplazamiento. Por tanto, FiWi libera al usuario de esta necesidad y facilita a los operadores de red de acceso el despliegue de su red, dado que sera mas facil llegar a cualquier punto geográfico donde quieran dar su servicio.

Las redes FiWi son un campo de investigación y desarrollo que está en auge y se prevé que será un sector de gran actividad tecnológica y empresarial en la próxima década. Se estima que las redes de acceso convergerán hacia este tipo de redes. Por el momento, aún no se dispone de soluciones (o productos) comerciales y sólo podemos hablar de algunos prototipos experimentales y propuestas de posibles arquitecturas.

38/ Ejemplo de la estructura de una red de acceso FiWi. NR: Nodo remoto, NC: Nodo concentrador, PAI: Punto de acceso inalámbrico, NCM: nodo cliente móvil

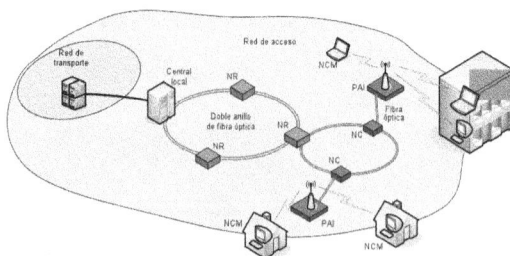

Las tecnologías inalámbricas candidatas a ser utilizadas son básicamente el WiMAX y la Wi-Fi.

En la figura 38 se muestra una de las arquitecturas propuestas donde la parte de red fija de fibra óptica se basa en la interconexión de anillos, para dar mayor fiabilidad, combinados con enlaces punto a punto hasta cada punto de acceso inalámbrico (PAI). Desde el PAI se llega a cada usuario (NCM) mediante enlaces inalámbricos.

1.4. PLC, ¡cuidado con los calambres!

Una cuestión que muchas veces se ha planteado es: ¿por qué no transmitir datos por los mismos cables que llevan la tensión eléctrica a cada uno de los electrodomésticos y demás artilugios eléctricos que se tienen en casa, en la oficina o en la fábrica? La tecnología PLC (*Power Line Communication*, comunicaciones por línea eléctrica) pretende dar una respuesta a esta pregunta.

La gran ventaja de la tecnología PLC es que pretende aprovechar la red eléctrica para comunicar equipos de datos. La idea parece sencilla y muy interesante a primera vista, pero la realidad práctica es muy distinta. Las dificultades que se deben superar para conseguir una transmisión correcta y a velocidades útiles son numerosas. El cableado que forma la instalación eléctrica de una vivienda no facilita su uso como medio para la transmisión de datos a alta velocidad: los cables sufren interferencias importantes (tanto de otros sistemas como de aparatos o equipos conectados a la misma instalación) y la señal que se manda padece fuertes atenuaciones.

A pesar de todo esto, actualmente existen equipos que proporcionan este tipo de comunicación, llegando a velocidades de unos 200 Mbps, y se pueden encontrar varias compañías que comercializan el servicio, especialmente compañías eléctricas. Una aplicación particular que se da a este tipo de sistemas es la automatización de la lectura del contador de consumo eléctrico.

Algunos fabricantes de equipos PLC (podemos destacar a DS2, empresa española con sede en Valencia, con un papel importante en este sector) afirman que las aplicaciones que PLC podría soportar van desde las soluciones de acceso (como red de acceso) a las soluciones del hogar. Las aplicaciones de baja velocidad incluyen: domótica (control y automatización del hogar o el edificio), lectura automatizada del contador de la luz, teleasistencia, telecontrol de electrodomésticos, etc. Dentro de las aplicaciones de alta velocidad se incluyen: acceso a Internet, telefonía, TV, acceso compartido a Internet, uso compartido de periféricos y distribución de audio/vídeo por toda la casa.

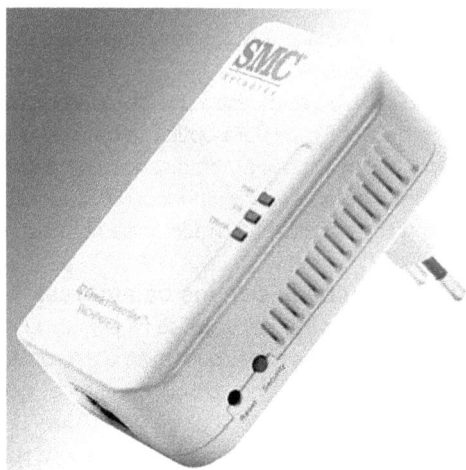

39/ Adaptador de red PLC

1.5. Nuevos operadores, desagregación del bucle, operadores virtuales: ¡Esto es la guerra!!

La privatización de Compañía Telefónica Nacional de España, que empezó en 1988 convirtiéndose en Telefónica de España S.A., y el inicio de la liberalización de las telecomunicaciones en España en 1998 supuso el «final» del monopolio en el sector español de las telecomunicaciones. La liberalización trajo consigo nuevos operadores de telecomunicación, es decir, nuevas empresas que daban servicio de telecomunicaciones y la posibilidad a los usuarios de escoger el operador que más les conviniera en función de las tarifas, calidad del servicio, tipo de servicio, cobertura, etc. que ofreciera.

Se puede ver fácilmente que llevar a la práctica este planteamiento no es sencillo si tenemos en cuenta que la red de telecomunicaciones de que dispone Telefónica fue construida a lo largo de muchos años. En especial, la red de bucles de abonado y centrales locales es la parte que más inversión ha necesitado y la que más tiempo de despliegue ha comportado. Por tanto, los nuevos operadores sólo podrían estar en condiciones de ofrecer una competencia real a Telefónica después de instalar su propia red de acceso, cosa que conllevaría mucho tiempo y grandes inversiones. Para acelerar el proceso hacia la igualdad en la competencia, se permitió que los nuevos operadores pudieran alquilar el bucle de abonado propiedad de Telefónica. De esta manera podrían empezar a ofrecer servicios de telecomunicaciones usando parte de la red de Telefónica, a cambio, claro está, de pagar por ello.

Desde el inicio de la liberalización, la forma en que los otros operadores han podido utilizar el bucle de abonado ya existente ha ido evolucionando, de modo que actualmente podemos resumir que se permiten dos tipos principales de acceso al bucle de abonado: el acceso indirecto y la desagregación del bucle de abonado. Todo ello está regulado por la Comisión del Mercado de las Telecomunicaciones (CMT) en un documento llamado OBA (Oferta de acceso al Bucle de Abonado) donde se establecen las modalidades posibles de acceso, las obligaciones de Telefónica y los precios a los que deberán ajustarse los nuevos operadores que quieran hacer uso del bucle. Seguidamente se hace una breve descripción de cada modalidad:

- *Acceso indirecto:* Telefónica empezó a ofrecer el acceso al bucle de abonado a través del servicio llamado GigADSL, donde se concentra el tráfico del servicio ADSL de un determinado grupo de usuarios en un punto intermedio de la red, en el cual se conectan los nuevos operadores para dar el servicio final a los usuarios que los han contratado. Por tanto, el operador nuevo no accede realmente al bucle de abonado, sino a un punto más interno de la red donde Telefónica le entrega el tráfico correspondiente a varios usuarios. Cada usuario contrata el servicio directamente al operador nuevo y no tiene que relacionarse con Telefónica, salvo para abonar la cuota de línea y, si lo quiere, el servicio de telefonía básica, que lo continuará dando Telefónica.

- *Acceso desagregado:* El acceso desagregado comporta un acceso real al bucle de abonado en la central local donde está instalado. Para ello Telefónica deberá permitir que el nuevo operador instale sus equipos de red en la central local y haga las conexiones necesarias entre el bucle de abonado y los equipos del nuevo operador. A partir de este punto, el nuevo operador usará su propia red para dar el servicio al usuario final.

A parte de los mecanismos descritos anteriormente, en el ámbito de las telecomunicaciones móviles se ha dado un proceso que tiene cierto paralelismo con el acceso al bucle de abonado de la red fija. El objetivo de fondo es el de mejorar la competencia en el mercado de la telefonía móvil. Para conseguir este objetivo, se definen los operadores móviles virtuales (OMV), que son empresas que ofrecen servicios de telecomunicaciones móviles pero que no cuentan con red móvil propia, sino que la alquilan a otro operador que disponga de ella.

2. REDES DE ACCESO MÓVILES: LAS QUE NO TIENEN CABLES

2.1. Algo de historia

Con la telegrafía se conseguía transmitir caracteres a distancia mediante el uso de un cable eléctrico. Algunos años más tarde, un físico escocés, James Clerk Maxell, demostró teóricamente la relación entre la corriente eléctrica y las ondas electromagnéticas. Estas relaciones se formularon mediante una serie de ecuaciones conocidas como *las ecuaciones de Maxwell*. El papel de Maxwell, si bien no tan conocido como otros científicos como Newton, fue crucial, y sus ecuaciones unificaron el origen de cosas tan distintas como la luz, el magnetismo o la electricidad. De todas formas, sus estudios fueron teóricos y hubo que esperar algunos años a que otro científico se las ingeniase para poder demostrar de forma práctica las relaciones que Maxwell predecía. En 1887, ocho años después de la muerte de Maxwell, Heinrich Rudolf Hertz, un físico alemán que había estudiado los resultados de Maxwell, realizó un experimento que demostró parte de las ecuaciones y abrió la puerta a las comunicaciones a distancia vía radio. La ciencia reconoció el trabajo de Hertz y en su honor le dio su apellido a la unidad de frecuencia, el hercio. Como ya veremos, en las comunicaciones radio se distinguen diferentes señales por la frecuencia que usan. Las señales de la radio FM, la televisión, los teléfonos móviles... todos usan señales radio, pero a diferente frecuencia.

El experimento de Hertz consistía en un elemento al que llamaremos transmisor y otro que será el receptor. En el transmisor se conseguía acumular un carga eléctrica estática que al sobrepasar un cierto valor producía una descarga de corriente que a la vez producía una chispa. A una cierta distancia, tan solo unos metros, se disponía el receptor, que era un aro metálico, pero sin estar totalmente cerrado. Hertz vio que cuando se producía una chispa en el transmisor aparecería al instante una chispa a través en la ranura del aro. Este experimento relacionaba la corriente de descarga en el transmisor con una corriente en el receptor (que se visualizaba con una chispa) y por ello debía existir una señal electromagnética que viajase por el espacio generada por la corriente y que en el receptor generase otra corriente parecida. Esto demostraba la relación entre corriente y ondas electromagnéticas y, lo que es más importante, la comunicación a distancia sin cables.

Algunos años después (1896) otro físico seguidor de Maxwell y de los experimentos de Hertz, Guglielmo Marconi, construyó el primer sistema de radiotelegrafía. Pronto los barcos empezaron a llevar este sistema y con ello se permitió la comunicación permanente entre un usuario móvil (el barco) y uno fijo (la posición en tierra). Habían nacido las comunicaciones móviles textuales, con las que podíamos mandar mensajes no muy diferentes a los actuales SMS.

Por estas fechas se desarrolla otro invento, el teléfono. En 1876 Alexander Graham Bell patenta el teléfono y empieza su expansión. Como era de esperar, se piensa en un teléfono móvil, pero este invento aún tardaría. Las comunicaciones de voz sin hilos se iniciaron en 1903 y eran sistemas de difusión que ofrecían comunicaciones unidireccionales. Pero la telefonía implica comunicación bidireccional simultánea (ambos interlocutores pueden hablar a la vez). El retraso en la aparición de la telefonía móvil no era conceptual, era un tema tecnológico y de costes; se debían fabricar equipos portátiles y de bajo coste.

Con los avances de la electrónica y la microelectrónica se pudieron colocar más componentes en un espacio menor y a un menor coste. Hacia los años setenta aparecen los sistemas de telefonía móvil de uso público. El mérito de ser el primero se lo disputan varios países: los Estados Unidos de América, Japón y los países nórdicos (Suecia, Noruega, Dinamarca, Islandia y Finlandia), entre otros. La solución de los norteamericanos se conoce como AMPS (*Advanced Mobile Phone System*) y entró en servicio en 1972. Estos primeros desarrollos se basan en señales analógicas y se conocen como sistemas de primera generación. Esta diferenciación entre propuestas norteamericanas y europeas siguió con los sistemas de segunda generación (sistemas digitales), cuyo principal exponente es el GSM, y con los de tercera (3G). Todas estas propuestas, si bien diferentes, tienen los mismos principios que presentaremos seguidamente.

2.2. Canal y celda

En algunos sistemas móviles es posible que un terminal hable directamente con otro, pero en la mayoría de los sistemas esta comunicación se hace a través de un elemento intermedio al que llamamos *estación base*. Las estaciones base son visibles gracias a las antenas que se sitúan en los tejados de los edificios o en lo alto de los mástiles que podemos ver por las ciudades y el campo (Fig. 40a y b). En algunos casos las estaciones base existen, pero disimuladas como las antenas de la figura 40c. Cada una de estas estaciones base es capaz de atender a los usuarios que están próximos.

Al territorio que atiende una estación base se le llama *celda* (Figura 41a). Es posible imaginar a una celda como una baldosa, de modo que

40/ Diferentes tipos de estación base. a) Estación base móvil con dos antenas directivas que cubren dos zonas o celdas. b) Estación base con antena direccional que cubre tres zonas. c) Antenas camufladas.

las celdas se colocan una al lado de otra para cubrir todo el suelo. Las baldosas que usamos en casa son generalmente cuadradas, mientras las celdas se parecen más a una baldosa hexagonal (Fig. 41b).

Idealmente todo el territorio está cubierto por estas celdas y cuando nos desplazamos en coche o a pie vamos pasando de una celda a otra. En algunos casos las celdas no encajan unas con otras y tenemos huecos de cobertura. Esta situación se da en zonas en las que no resulta rentable colocar una estación base porque hay pocos usuarios o en áreas donde la propagación de las ondas de radio es difícil (interior de edificios, zonas montañosas). El tamaño de las celdas no tiene porqué ser el mismo en todas ellas. En general, depende del número de usuarios que tengamos en la zona. En lugares como el campo, las celdas son grandes y pueden tener decenas de kilómetros de radio. En las ciudades pueden ser de centenas de metros o incluso decenas de metros para estaciones que se colocan dentro de los edificios. Hoy en día se pueden tener celdas particulares, que son como puntos de acceso de una red Wi-Fi, denominadas *femtoceldas* (Fig. 42). La organización de la cobertura del territorio en celdas hace que este tipo de sistemas de comunicaciones se denominen *sistemas móviles celulares*.

41/ a) Celda hexagonal como zona que atiende una estación base. b) Ejemplo del uso de hexágonos para cubrir una superficie.

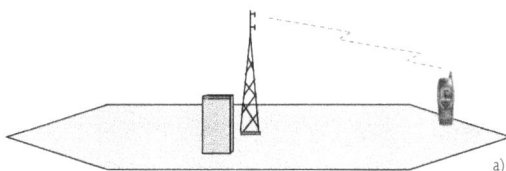

a)

b)

En cada una de las celdas están disponibles los canales para poder realizar las comunicaciones vía radio. Los canales no pueden ser los mismos en cada celda. Si fuese de esta forma dos usuarios hablando en celdas vecinas se interferirían y la comunicación seria mala o imposible. Los canales disponibles se distribuyen entre las celdas de forma que dos canales iguales no estén demasiado cerca y se puedan llegar a molestar. Esta técnica recibe el nombre de *re-uso de canales* y es la base para que los sistemas móviles puedan atender a millones de usuarios. Existen unos

42/ Imagen de una femtocelda. Se puede apreciar que son como un punto de acceso de Wi-Fi, pero permiten que un teléfono móvil convencional pueda hacer y recibir llamadas.

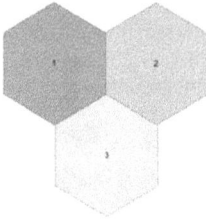

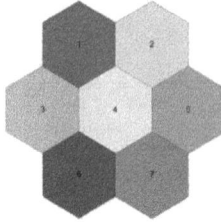

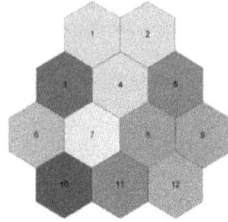

43/ Ejemplos de grupo de *re-uso* de canales para tamaños de 3, 7 y 12 canales. Cada intensidad de gris representa un canal diferente.

patrones de re-uso de canales regulares. Se pueden definir grupos de 3, 7 o 12 celdas tal como muestra la figura 43.

Una vez definida una agrupación, se puede asignar un número de canales de forma regular tal como se muestra en la figura 44 en la que se parte de un grupo de 3. Se puede observar que no tenemos dos celdas del mismo color (canales iguales) tocándose y que la distancia entre celdas de idéntico color es la misma para cualquier color y celda.

Los canales que se usan en los sistemas móviles se definen dividiendo el espectro radioeléctrico, de la misma forma que las emisoras de FM o los canales de televisión. Los primeros sistemas en España usaron parte del espectro radioeléctrico situado en las proximidades de los 450 MHz y por ello se llamaron de la banda (conjunto de frecuencias) de los 450 MHz. Cuando este sistema se llenó, fue necesario buscar otra banda y se pasó a la de 900 MHz. Este

44/ Ejemplo de asignación de *re-uso* de canales según un grupo de 3.

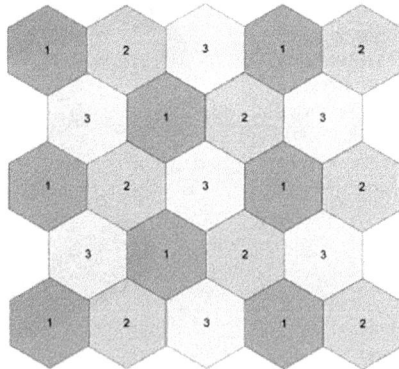

primer sistema se comercializó con el nombre de Moviline por Telefónica de España. Más tarde en 1992 se instaló otro sistema, el GSM, que usó la misma banda, pero permitía tener dos empresas de telecomunicaciones ofreciendo servicio de comunicaciones móviles (operadores). Un poco mas tarde se habilitó otra banda, la llamada de 1800 MHz, y fue ocupada por los operadores de GSM existentes (Movistar y Vodafone) y un operador nuevo (Orange). Estas bandas no son las mismas en todos los países del mundo. En algunos se usa la banda de los 850 MHz o la de 1900 MHz. Los teléfonos móviles que pueden trabajar en las dos bandas se llaman *duales* y los que trabajan en tres bandas *tribanda*. Más recientemente ha aparecido otra tecnología, la UMTS, que se identifica como de tercera generación o 3G. Esta usa otra banda de frecuencias, la de los 2100 MHz.

Estas bandas de frecuencias se deben dividir en unidades más pequeñas a las que llamamos *canales*. Existen básicamente tres formas de hacer esto. Se puede hacer en frecuencia, tal como se hace con las emisoras de radio, en la que cada canal se sitúa en una parte del espectro. Se puede hacer en tiempo, en la que se reparte el espectro dándole a cada usuario una fracción del tiempo de forma periódica. La tercera forma, la llamada multiplexado por código, es equivalente a usar diferentes idiomas en conversaciones simultáneas. Todas las personas hablan a la vez, pero al usar diferentes idiomas se pueden entender una con la otra. La dos primeras técnicas se usan en GSM, mientras que la última se usa en los sistemas de tercera generación.

Un terminal móvil durante una comunicación usa un canal en una celda. Si se desplaza y cambia de celda, se debe cambiar de canal para poder mantener la comunicación. Al procedimiento de cambio de canal durante una comunicación se le denomina traspaso.

2.3. Un teléfono móvil o mucho más

La popularización de las comunicaciones móviles empezó con la telefonía móvil. El poder liberar al usuario de un cable permitió poder estar comunicado en prácticamente cualquier lugar. Con la llegada del GSM se empezaron a ofrecer algunas funcionalidades más que la básica de la comunicación telefónica. Con GSM llega el mensaje corto o SMS. Inicialmente no se tenía mucha confianza en este tipo de servicio, pero con el tiempo se ha convertido en una alternativa a la llamada telefónica. Un SMS llega de forma segura (no depende de que el terminal esté encendido o en cobertura), es más económico y es ideal para comunicar cosas que se puedan olvidar. Con GSM también se introdujeron las comunicaciones de datos. Se puede conectar un terminal a un ordenador y tener una conexión de datos con otro ordenador o con Internet. Estos circuitos de datos ofrecían velocidades bajas (unos 9600 bps) y resultaban muy caros. Estaba claro que esta no era la solución ideal para acceder a Internet y se empezó a buscar una alternativa. Esta vino de la mano del GPRS, un añadido a GSM para poder transmitir paquetes IP de forma eficiente. Con GPRS se conseguía una velocidad de unos 50 Kbps, pero aún estaban lejos de lo que ofrecían las conexiones fijas con ADSL. Algunos operadores optaron por desplegar una mejora de GPRS conocida como EGPRS o GPRS basado en EDGE. Con este sistema se consiguen velocidades de descarga (entre la red y el terminal) entre los 200 y 300 Kbps. El paso siguiente son los sistemas 3G, que ofrecen unos 350 Kbps, y las mejoras conocidas como HSPA o HSDPA, que permiten en la actualidad superar 1 Mbps y que prometen velocidades próximas a los 7 Mbps. Conviene matizar que estas velocidades son optimistas y que pueden ser menores si estamos en zonas de mala cobertura o con muchas comunicaciones simultáneas de usuarios. Con las comunicaciones que ofrecen EGPRS o 3G podemos acceder a Internet para navegar, mandar correos o chatear de la misma forma que lo hacemos desde un ordenador fijo.

Otra facilidad que nos ofrece el sistema móvil es la localización. En algunos países es obligatorio poder localizar un terminal móvil con una precisión mejor a los 100 metros. Esta localización se puede usar para casos de emergencia (como serían las llamadas al 112) o para ofrecer servicios como la gestión de una flota de reparto o conocer la ubicación de una persona mayor con problemas de pérdida de memoria.

2.4. Yo, mi SIM y el terminal

Cuando una persona se hace cliente de un operador (se suscribe), éste le da permiso para usar la red. Realmente lo que hace el operador es dar permiso a una pequeña tarjeta electrónica llamada SIM (Fig. 45). Esta tiene todos los datos necesarios para que un usuario, al insertar esta tarjeta en un terminal, pueda acceder con el terminal a la red. Si se cambia de terminal no hay problema, éste será el autorizado a usar la red en nombre del usuario.

La SIM tiene dos tipos de información. Por un lado tenemos la propia del usuario con capacidad para almacenar SMS o números de teléfono. Con esta información en la SIM podemos ir cambiando de terminal y los SMS recibidos y nuestra agenda telefónica siempre están

45/ Imagen de una SIM de GSM. Se pueden apreciar los conectores que permiten al circuito que alberga comunicarse con el terminal.

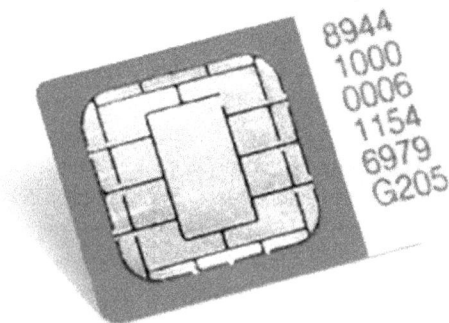

en el terminal que usamos. Desafortunadamente el espacio disponible para esta información es limitado y generalmente debemos guardar nuestros SMS y nuestra agenda de teléfonos en el propio terminal. Otra información que almacena la SIM es la relativa al funcionamiento del sistema. Se guarda un número único a nivel mundial que identifica a la SIM. Este número es imprescindible para poder hacer itinerancia o *roaming*. Vayamos donde vayamos siempre es posible identificar nuestra SIM y poder dar permiso a ese usuario para usar la red. La itinerancia, o lo que es lo mismo, poder usar la red de un operador diferente al que estamos suscritos, únicamente se puede hacer entre operadores de diferentes países, pero no dentro de nuestro país. Esta limitación no es técnica, se debe a una estrategia de los gobiernos

46/ Visualización de los diferentes procedimientos de validación y de acceso a servicios.

Validación con el PIN

Validación con la clave de la SIM

Conversación entre usuarios

para forzar a la competencia entre los operadores de un mismo país. Otra información que almacena la SIM es relativa a la seguridad. La SIM guarda un número secreto y unos algoritmos que permiten que se identifique como una SIM valida y se generen unas claves que se usarán para cifrar la información (nuestra conversación) cuando la mandemos vía radio. La identificación de la SIM con la red es similar al mecanismo que usamos para acceder a un ordenador con un nombre de usuario y una palabra clave o *password*. Para el caso de la SIM, el nombre de usuario es el identificador universal de la SIM y el *password* depende de la clave que tiene la SIM. No se debe confundir este mecanismo con la introducción del PIN que hacemos al arrancar nuestro terminal. La misión del PIN es demostrar a la SIM que nosotros somos las personas autorizadas para usar sus datos, y con ello poder realizar y recibir llamadas, pero no tiene nada que ver con la identificación de la SIM con la red, que demuestra que está autorizada para poder hacer y recibir llamadas (fig. 7).

2.5. Todo lo que hace un terminal móvil cuando se usa y cuando no se usa

La telefonía móvil es un claro exponente de la evolución tecnológica futura que podemos esperar. Se trata de un sistema extremadamente complejo internamente y muy simple en su uso. Básicamente seleccionamos un número de una agenda y establecemos la comunicación. Para entender un poco esta complejidad describiremos de forma aproximada los diferentes procesos que involucran a un terminal móvil desde que es encendido por la mañana hasta que lo apagamos por la noche.

Cuando un terminal móvil se enciende, éste quiere acceder a los datos de la SIM. Si la SIM está protegida, se le pide el número PIN al usuario, y si es correcto, la SIM atenderá las peticiones del terminal. Una de las primeras es solicitar la identidad del operador al que pertenece la SIM y el número de identidad de la SIM. El terminal empieza a buscar canales radio. Si no encuentra ningún canal de ningún operador, el terminal no tendrá servicio. Por otro lado, si encuentra canales, pero no son de su operador, podrá realizar llamadas de emergencia únicamente. En el caso más común, que encuentre canales de su operador, el terminal los clasifica y elige el canal del que recibe más nivel de señal, que generalmente será el que corresponde a la estación base que se encuentra más próxima. Usando el canal seleccionado, el terminal se comunica con los equipos del operador con la intención de pedir permiso para usar la red y notificarles que ese usuario está activo y en disposición de recibir llamadas.

En la medida que el usuario con su terminal se mueven, puede suceder que la base que originalmente ha elegido deje de ser una buena elección y tengamos otras mejores. El terminal debe monitorizar de forma continua los canales del operador y estar siempre escuchando el mejor de los que tenga disponible.

Si un usuario decide hacer una llamada o enviar un SMS, el terminal contactará con la red por el canal que está escuchando y dirá que necesita otro canal, sólo para él, para poder establecer la llamada. La red, si tiene canales disponibles, le asignará uno para la llamada. Puede suceder que la base tenga ya muchos terminales y no le quede ningún canal para la llamada que se quiere establecer. En este caso la llamada se bloquea y se notifica al terminal que en este momento la red no puede atender su petición. En caso contrario, el terminal indica qué tipo de comunicación quiere establecer y con quién (el número del teléfono del destinatario de la llamada). Con esta información, la red prepara el canal radio y prolonga la conexión hasta el operador al que está conectado el teléfono destino. Si el usuario llamado acepta la llamada, queda establecido un circuito de comunicación entre el terminal que llama y el llamado (Fig.47).

47/ Circuito de comunicación establecido entre un terminal móvil y otro fijo.
48/ Ejemplo de un traspaso entre dos celdas, con el circuito que se tiene antes y después del traspaso.

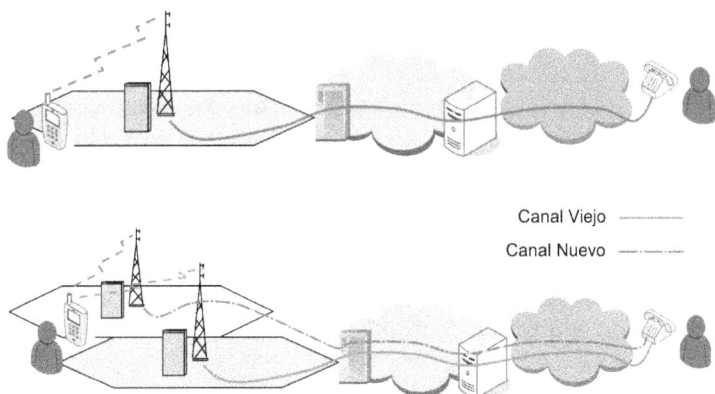

Canal Viejo ————
Canal Nuevo ———

Este circuito se debe mantener durante todo el tiempo que dure la comunicación e independientemente del movimiento del terminal móvil. Si el terminal se aleja de la base con la que tiene establecida la comunicación, parece razonable pensar que la comunicación se irá degradando, ya que cada vez se recibe con menos intensidad. Pero también es cierto que si tenemos otras estaciones base que rodean la que estamos usando, cuando nos desplazamos podremos quedar más cerca de una nueva estación base. En esta situación se debe abandonar el canal radio original y pasar a buscar otro canal con la estación base más próxima. Este proceso ya ha sido presentado anteriormente como traspaso. Este cambio de estación base no sólo implica usar un nuevo canal radio y dejar el viejo, significa que la comunicación hacia la estación base también se modifica para asegurar que el canal entre terminales se mantiene (Fig.48).

Estos cambios pueden suponer cortes en la comunicación. En sistemas GSM un traspaso es un corte de una décima de segundo, mientras que en los sistemas 3G se consigue que desaparezcan.

Para poder hacer un traspaso es necesario saber cuándo el canal radio ya no es idóneo (no tiene la calidad adecuada) para la comunicación y que tenemos otro canal disponible en otra estación base que será mejor que el actual. La medida de la calidad del canal se debe hacer durante toda la comunicación, monitorizando el nivel de señal recibido y el porcentaje de bits erróneos recibidos. En una comunicación telefónica se usan dos canales a la vez, uno para enviar nuestra voz y el otro para escuchar la voz del otro usuario (en comunicaciones telefónicas se tienen circuitos bidireccionales). Los dos canales son necesarios para una comunicación y los dos deben tener la calidad adecuada. El terminal móvil mide la calidad del canal que recibe, y la estación base hace lo mismo con el que envía el terminal. La red del operador, teniendo ambas informaciones, decide si la comunicación es correcta o si se debe buscar un nuevo canal en una nueva base. Para poder conocer qué estaciones base podría usar el terminal móvil, se debe buscar durante la comunicación y medir qué calidad podría tener el canal radio si se usase otra estación base. Estas medidas se las envía el terminal a la red y ésta las compara con las del canal radio actual. Como resultado de toda esta información, la red decide cuándo se debe realizar un traspaso sabiendo que el canal actual no tiene la calidad adecuada y que el que se establecerá con la nueva base ofrecerá una mejora. Se puede ver que con este procedimiento el terminal informa y la red es quien toma las decisiones. Si no es posible hacer el traspaso y el canal se sigue degradando, éste se silencia (no oímos al otro extremo de la comunicación) en una o en ambas direcciones, y si el problema persiste durante unos segundos, la llamada telefónica se interrumpe. Sea por el corte de la comunicación o porque los usuarios finalizan la llamada, el canal radio deja de estar utilizado y pasa a estar disponible para una nueva llamada.

Si la llamada está dirigida al terminal móvil, el proceso de establecimiento de la misma es un poco más complejo. Un terminal marca el número de teléfono móvil y la llamada llega a la red del operador móvil. Este debe descubrir en qué celda se encuentra el terminal llamado para poder establecer el canal. Este procedimiento de búsqueda se hace en dos fases. La primera consiste en consultar una base de datos en la que se indica en que área se encuentra el terminal. La segunda fase consiste en interrogar en todas las celdas del área en la que sabemos que está el terminal para concretar exactamente en qué celda se encuentra. Todas las celdas del área seleccionada transmiten la identidad del terminal que buscamos. Esta información la reciben todos los terminales que están en esas celdas y sólo el terminal cuyo identificador transmitido coincida con el suyo deberá responder (Fig. 49). Una vez conocida la celda en la que se encuentra el terminal, se establece el circuito entre los terminales y ya se puede hablar.

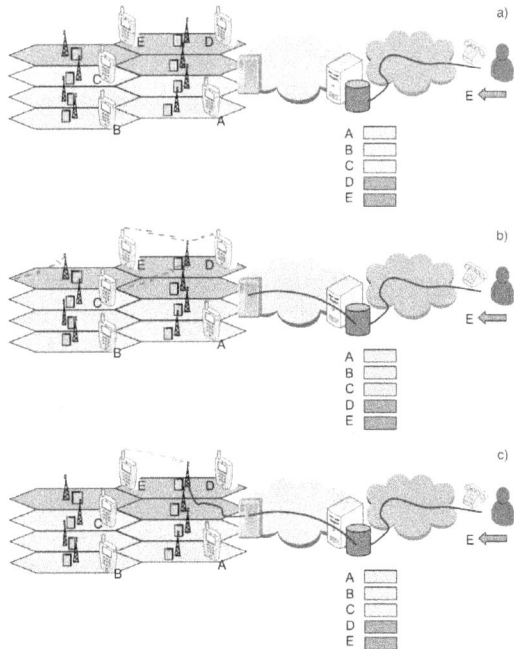

49/ Diferentes fases en la búsqueda de un terminal móvil. a) Consulta de la base de datos. b) Búsqueda dentro del área de localización. c) Identificación de la celda en la que se encuentra el terminal y establecimiento del circuito de comunicación.

Como ya hemos comentado al principio de esta sección, un terminal encendido y sin llamada debe estar escuchando de forma continua un canal radio de la celda. El motivo es poder escuchar estas interrogaciones y responder en caso necesario. En algunas ocasiones el terminal puede estar fuera de cobertura en el momento que se le busca y por ello no puede escuchar la interrogación. Si esto ocurre, la llamada no se podrá establecer y el terminal que llama recibirá un mensaje de voz en el que se le indica que el terminal llamado está fuera de cobertura.

Con el procedimiento de búsqueda que se ha descrito, se parte de la premisa que el operador móvil tiene en una base de datos el área en la que se encuentra el terminal. Nos podríamos formular la pregunta de cómo se consigue esta información y qué sucede si terminal de desplaza fuera de esta área. En realidad el sistema móvil debe realizar alguna operación adicional para resolver estas dos cuestiones. Los operadores agrupan las celdas adyacentes en áreas que se denominan *áreas de localización*. Cuando un terminal se mueve entre celdas de una misma área no sucede nada, pero si el terminal móvil observa que deja un área de localización para entrar en otra, tiene la obligación de transmitir y decirle a la red que se encuentra en la nueva área. Este procedimiento se denomina *actualización de localización* y fuerza que la base de datos con la información de localización se refresque e indique siempre el área de localización correcta a pesar de la movilidad de terminal. Las áreas de localización pueden ser tan pequeñas como una celda o tan grandes como la zona de cobertura del operador. Si son pequeñas, se deberá actualizar la localización continuamente, y si son grandes, se deberán mandar los mensajes de búsqueda por muchas celdas al buscar un terminal. En la práctica se eligen áreas de localización con decenas o centenas de celdas.

Como ya nos podemos imaginar, buscar a un terminal es costoso en términos del número de mensajes que se deben transmitir. Una búsqueda implica que cada celda tiene que transmitir el mensaje interrogando si el terminal móvil se encuentra en la celda. Si una área de localización tiene cien celdas, significa que cada vez que hay una llamada a un terminal móvil, se deben mandar cien mensajes de interrogación. Si el terminal está en cobertura y encendido, contestará a la interrogación y se podrá establecer la llamada, pero en caso contrario, todo este esfuerzo será inútil. Para evitar buscar un terminal móvil si éste está fuera de cobertura o apagado, se usan dos procedimientos. Uno de ellos se llama de *enganche* y de *desenganche*, y consiste en decirle a la red cuando se enciende y cuando se apaga el terminal. Por ejemplo, por la noche, al apagar el terminal, éste le comunica al sistema que deja de estar accesible y se guarda en la base de datos que el terminal está apagado. Posteriormente, cuando llega una llamada y se consulta la base de datos, se ve que el terminal figura como apagado, y ya no se le busca. A la mañana siguiente, al encender el terminal, el sistema modifica la base de datos y cambia su estado a encendido, volviéndole a buscar si fuera necesario. Este mecanismo no evita que a un terminal se le busque si está fuera de cobertura. Evidentemente, en esta situación el terminal tampoco podrá responder a la búsqueda y por ello resulta inútil hacerlo. Para evitar esta búsqueda se usa el procedimiento de localización periódica. El operador móvil le pide al terminal que, de forma periódica (por ejemplo cada dos horas) el terminal móvil le diga a la red que está accesible. Mientras que el terminal esté en cobertura esta actualización se va realizando y el operador sabe que puede buscar al terminal en caso necesario. Si el terminal se desplaza a una zona sin cobertura, cuando quiera actualizar su accesibilidad no lo podrá hacer. Si la red no recibe esta actualización transcurrido un tiempo, puede asumir que el terminal no se encuentra en zona de cobertura y por ello puede guardar en la base de datos que el terminal está inaccesible. Cuando el terminal vuelva a estar en cobertura, actualizará su accesibilidad y se volverá a modificar la base de datos.

Las localizaciones periódicas y las actualizaciones de localización al entrar en una nueva área de localización generan transmisiones en el móvil que no están motivadas por ninguna acción del usuario. Estas transmisiones y la escucha continua en espera de un mensaje de búsqueda, son las causantes de que la batería del móvil se agote al cabo de unos cuantos días a pesar de que no realicemos ninguna llamada.

2.6. Terminales móviles

En el campo de la telefonía móvil, el elemento que ha presentado una evolución más espectacular ha sido el terminal. Los primeros terminales eran del tamaño de una maleta y sólo servían para hablar. Hoy en día un terminal móvil es un auténtica maravilla de la ingeniería ya que integra multitud de funcionalidades, un tamaño reducido, un consumo de batería bajo y un precio lo suficientemente asequible para tener un mercado muy amplio. Podemos intentar hacer un resumen de las principales características de los terminales más modernos del mercado a finales del 2009 según diferentes funcionalidades.

Conectividad con la red: Indica de qué forma el terminal permite hacer comunicaciones con el exterior. Se dispone de conectividad a través de un operador móvil con GPRS, EDGE, UMTS y HSPA. Se procura usar siempre la alternativa mas rápida, pero ésta no siempre está disponible en el lugar en el que nos encontremos. También está disponible la conectividad sin operador usando Wi-Fi, que es utilizada básicamente para acceder a Internet sin coste.

Conectividad con periféricos: Facilita la conexión de otros dispositivos como impresoras, ordenadores, manos libres o auriculares sin cables. Para esta conectividad de periféricos se usa Bluetooth.

Diálogo usuario y terminal: Se trata básicamente de la pantalla y el teclado, pero se van incorporando nuevos métodos como los sensores. Las pantallas son de color y táctiles. Algunos ofrecen la manipulación con un dedo (*touch*) o con varios dedos (*multi-touch*). También es común ver terminales con teclado que facilitan la entrada de texto en relación con las pantallas táctiles. Existen sensores de movimiento que permiten manipular el teléfono con sólo el movimiento, sensores de luz que controlan la iluminación de la pantalla y teclado, o de proximidad que evitan que se manipule la pantalla táctil accidentalmente al acercar el terminal a la oreja.

Sistema operativo: El terminal móvil es como un ordenador personal orientado a la comunicación y, como los otros ordenadores, tiene un sistema operativo. Podemos encontrar Windows Mobile de Microsoft, Android de Google, iPhone OS de Apple, Blackberry OS de RIM. El Symbian OS de Symbian Android esta basado en Linux y es el más abierto, en el sentido de que es más fácil desarrollar aplicaciones.

Aplicaciones: El propio hardware del terminal y el software que tiene o cargamos en el terminal móvil, permiten realizar aplicaciones. Los teléfonos móviles llevan de fábrica aplicaciones de localización (gracias a un GPS incorporado), cámara fotográfica y de vídeo, reproductor de música (MP3), reproductor de video, agenda y todas las facilidades asociadas con la comunicación, como navegación por Internet, correo electrónico, mensajería instantánea, llamada telefónica y videollamada. También es posible cargar aplicaciones hechas por otras empresas que no sean el fabricante del teléfono. Existen dos alternativas: las aplicaciones desarrolladas en Java (también conocidas como aplicaciones J2ME o MIDP) y las específicas del sistema operativo del terminal. Las primeras tienen la ventaja de que una misma aplicación se puede usar para terminales con diferentes sistemas operativos. La segunda opción sólo sirve para teléfonos que usen un sistema operativo específico, pero en general son más vistosas y más rápidas en su ejecución.

Duración de la batería: Los terminales móviles, por definición, deben funcionar con baterías y éstas deben durar un tiempo superior a un día con un uso intensivo del terminal, y varios días si apenas lo usamos. Los terminales actuales permiten hablar durante unas 5 a 10 horas dependiendo de si usamos GSM o 3G, y tener el terminal encendido durante unos 10 días. El uso de reproductores de música y de vídeo limitan estas duraciones. Por ejemplo, solo se pueden tener unas siete horas de reproducción de vídeo con una batería a máxima capacidad. Las baterías recargables sufren de envejecimiento, y van perdiendo capacidad cada vez que se cargan. Llegado un punto, se debe cambiar la batería para tener una autonomía de uso del terminal como la inicial.

3. REDES DE ÁREA LOCAL, PEQUEÑAS PERO RÁPIDAS

Una red de área local o LAN (del inglés *Local Area Network*) consiste en un tipo de red de extensión limitada (aproximadamente menos de 1 Km) y que se utiliza en viviendas, edificios o entornos de oficinas. Es la típica red de usuario. Su objetivo consiste en la conexión de gran variedad y número de dispositivos como son los ordenadores personales y portátiles para compartir información, programas, espacio de disco duro, periféricos (impresoras, fotocopiadoras), etc.

En la figura 50 se puede observar el aspecto de una LAN; está compuesta por varios ordenadores personales, un ordenador con mayores prestaciones actuando de servidor y una impresora. Así, los usuarios conectados a esta LAN a través de sus ordenadores personales pueden almacenar ficheros en el servidor, utilizar programas instalados en éste, enviar documentos a la impresora, etc…

El origen de las LAN se remonta a los años 1970. En esa época se detectaron algunos sitios que acogían un número importante de ordenadores y se diseñaron las primeras LAN para unir esas máquinas, conectarlas con sitios más lejanos y permitir que los usuarios remotos accedieran a la información y a los recursos.

50/ Red de área local

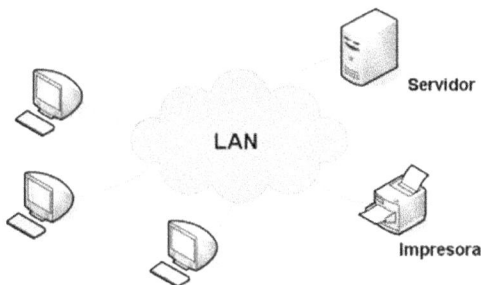

Servidor

LAN

Impresora

3.1. Componentes de la LAN: Anatomía de una red

Para poder conectar los ordenadores, servidores y periféricos y formar una LAN, es necesario contar con diferentes elementos.

Un componente fundamental consiste en la tarjeta de red conocida como NIC (del inglés *Network Interface Card*, Fig. 51). Se trata de un elemento que actualmente ya viene integrado en los ordenadores y que hace de intermediario entre estos y la red. Así, a través del NIC es posible introducir el cable conector en el ordenador. Este cable puede ser de cobre o fibra óptica, etc.

Otro elemento fundamental que nos encontramos son los repetidores (*hub*) o conmutadores (*switch*) (Fig. 52). Se trata de dispositivos que recogen los cables provenientes de los diferentes ordenadores y así permiten su interconexión formando la red.

La figura 53 presenta la interconexión de los diferentes ordenadores a través de su NIC utilizando un repetidor o conmutador.

Por último es necesario mencionar la importancia de los sistemas operativos que deben estar instalados en los diferentes elementos conectados a una LAN. Se trata de sistemas operativos que permiten reconocer y configurar el NIC, y por lo

51/ NIC, Network Interface Card
52/ Repetidores para LAN

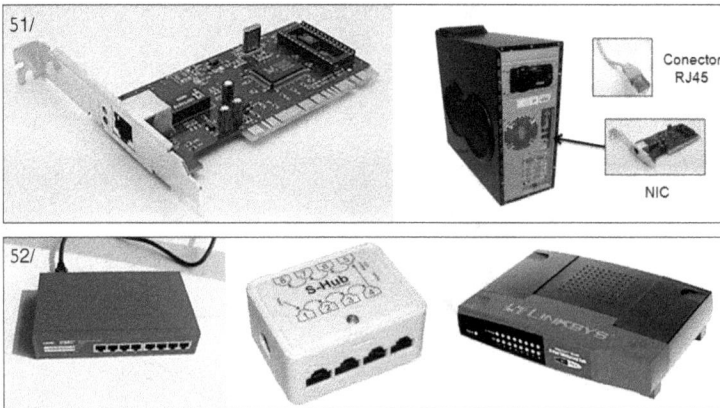

51/

Conector RJ45

NIC

52/

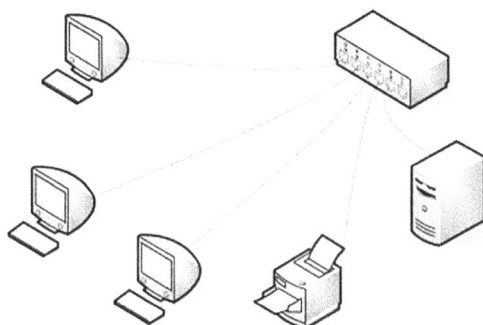

53/ Interconexión de los dispositivos a través de un repetidor o conmutador

tanto hacen posible el envío de información a través de la red. Dentro de estos sistemas operativos de red encontramos, por ejemplo, las diferentes versiones de Windows, MAC OS X o Linux.

A lo largo del tiempo han existido diversas tecnologías de LAN (Token Ring, Apple Talk, Token Bus...), pero la sencillez se impone y actualmente tenemos básicamente dos tipos de redes: una con cable y una inalámbrica. La de cable se llama *Ethernet* (o técnicamente IEEE 802.3) y la inalámbrica es la ampliamente conocida como *Wi-Fi* (técnicamente IEEE 802.11).

3.2. Ethernet, la reina de las redes

El estándar conocido como *Ethernet* tiene un nombre que proviene del concepto físico de *ether*, nombre bajo el que se denominó una hipotética sustancia muy ligera y que en el siglo XIX se pensó que consistía en el medio de propagación de la luz, y del término inglés *net* que significa red.

Ethernet define las características de los cables que conectan las máquinas, su longitud máxima, la velocidad a que viajan los datos, el formato y estructura de los datos y las reglas que siguen los ordenadores para en-

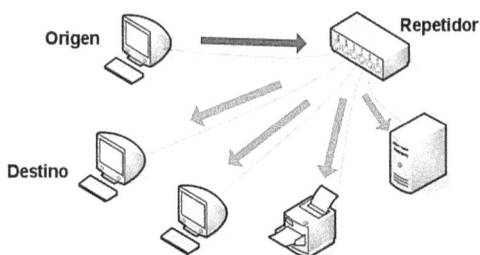

54/ Difusión de la información en Ethernet

Origen

Repetidor

Destino

55/ Envío de informa-
ción a través de un
conmutador Ethernet

Origen

Conmutador

Destino

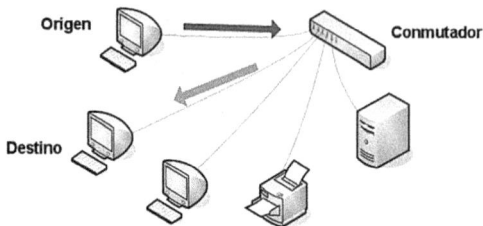

viar estos datos a través del cable: cuándo envían datos los ordenadores y qué pasa si más de uno los envía a la vez.

Encontramos diferentes clasificaciones según la velocidad de los datos enviados por la red. Así, el estándar *Ethernet* original alcanzaba 10 Mbps, más adelante *Fast Ethernet* incrementó esta velocidad hasta 100 Mbps, *Gigabit Ethernet* consiguió 1 Gbps y finalmente *10-Gigabit-Ethernet* proporciona 10 Gbps.

Las redes de área local como *Ethernet* o *Wi-Fi* son redes de difusión, en las que se tiene un único canal o medio de comunicaciones que se encuentra compartido por todos los elementos que forman la red. Así, la información enviada por cualquier dispositivo conectado a una LAN es recibida por todos los elementos conectados a esta red de manera simultánea, aunque el usuario destino sea solo uno de ellos. En la figura 54 se puede observar cómo la información enviada por un ordenador llega a través del repetidor a todos los demás usuarios. Podemos comparar este modo de funcionamiento con la difusión de las señales de radio y televisión, que son enviadas por los emisores correspondientes y recibidas de forma simultánea por todos los receptores.

Sin embargo, este modelo de la *Ethernet* también ha evolucionado y actualmente en lugar de repetidores disponemos de conmutadores. Estos se aprenden en qué cable se encuentra conectado cada ordenador, y cuando tienen que enviar un paquete de datos solo lo hacen hacia el destinatario correcto, en lugar de a todos los dispositivos de la red (Fig. 55). Así la comunicación resulta mucho más eficiente y la velocidad que ve el usuario es mucho mayor.

3.3. Redes de área local inalámbricas: A ver por dónde me cuelo

Por otro lado, también encontramos redes de área local inalámbricas conocidas como WLAN (del inglés *Wireless Local Area Network*). Las LAN inalámbricas suponen una extensión de las LAN cableadas permitiendo la movilidad de los usuarios en la red. Así además de ser utilizadas en viviendas, edificios o entornos de oficinas, también son muy útiles en hospitales, restaurantes, almacenes..., es decir, en lugares donde la movilidad y autonomía del usuario es fundamental.

A parte de la movilidad, otra de sus características consiste en su gran flexibilidad de instalación. En según qué sitios, por ejemplo en edificios históricos, la instalación de cable puede resultar muy complicada, ya que estos edificios presentan una estructura compleja sin posibilidad de modificación. El carácter inalámbrico de las WLAN permite una instalación fácil y también posibilita la realización de cambios de manera sencilla.

El origen de las WLAN se remonta a 1979, año en el se publicaron los primeros resultados, obtenidos por la empresa IBM en Suiza, sobre la utilización de enlaces infrarrojos para crear una red de área local inalámbrica en una fábrica. Sin embargo, las WLAN operativas en la actualidad utilizan la radiofrecuencia como medio de transmisión. Se han publicado diversos estándares al respecto.

La ETSI (del inglés *European Telecommunications Standards Institute*, se trata de un organismo de estandarización mundial) creó los estándares HiperLAN (del inglés *High Performance Radio Local Area Network*). Encontramos HiperLAN1, capaz de proporcionar tasas de transmisión de hasta 23 Mbit/s, e HiperLAN2, que ofrece hasta 54 Mbit/s.

Por otro lado, el IEEE (del inglés *Institute of Electrical and Electronics Engineers*, se trata de un organismo de estandarización estadounidense) definió su estándar IEEE 802.11 para redes de área local inalámbricas con tasas de transmisión entre 1 y 2 Mbps. Éste evolucionó hacia el IEEE 802.11b con 11 Mbps y hacia el IEEE 802.11g, que alcanza 54 Mbps. También se publicó el estándar IEEE 802.11a, que proporciona hasta 54 Mbps, pero utiliza una banda de frecuencias diferente. Finalmente, en octubre de 2009 se publicó el IEEE 802.11n que permite operar a partir de 100 Mbps. Aun así, las velocidades de transmisión y las distancias máximas entre usuarios ofrecidas por WLAN son muy inferiores a las alcanzadas por una LAN cableada

En el caso de IEEE 802.11n, éste hace uso de una tecnología conocida como MIMO (del inglés *Multiple-input Multiple-output*) para alcanzar velocidades de transmisión superiores. Las redes inalámbricas, que utilizan la radiofrecuencia como medio de transmisión, manejan ondas electromagnéticas. Durante su propagación, éstas sufren reflexiones. MIMO introduce varias antenas en el equipo transmisor y en el receptor, con el objetivo de captar estas reflexiones. Mediante la combinación de todas las ondas captadas, MIMO consigue aumentar la eficiencia de la red y ofrecer velocidades de transmisión más elevadas. El origen de esta idea data de los años 1970.

Los equipos comerciales que utilizamos actualmente siguen el estándar IEEE 802.11 (en cualquiera de sus variantes). De hecho, desde su aparición en el mundo comercial, éste ha desbancado con creces a cualquier otra especificación (como por ejemplo HiperLAN).

Los equipos que cumplen los estándares IEEE 802.11 se conocen como Wi-Fi; este nombre viene impuesto por un organismo llamado Wi-Fi Alliance que consiste en una organización comercial que comprueba que los equipos cumplan la especificación IEEE 802.11; así, Wi-Fi Alliance certifica la compatibilidad entre productos comercializados por diferentes fabricantes.

La figuras 56 y 57 presentan modelos de tarjetas y puntos de acceso, respectivamente. Las tarjetas también pueden encontrarse incorporadas en el propio ordenador.

Las WLAN permiten dos tipos de configuración: redes con infraestructura y redes ad-hoc. Las WLAN con infraestructura son las más utilizadas en entornos domésticos y oficinas. Éstas están compuestas por los dispositivos portátiles de los usuarios (ordenadores, agendas electrónicas, etc) y por una estación especial llamada punto de acceso, que es la encargada de coordinar la red: todos los usuarios envían los datos al punto de acceso y éste a su vez los reenvía al destino. El punto de acceso es equivalente a los repetidores o conmutadores utilizados en las LAN cableadas. La figura 58 presenta una WLAN con infraestructura.

Por otro lado, encontramos las redes ad-hoc. En este caso no existe la presencia de un punto de acceso que haga la tarea de coordinador, sino que se trata de dispositivos portátiles de iguales características que forman una red de área local y que se envían datos directamente entre ellos utili-

56/ Tarjetas WLAN
normal y MIMO

57/ Puntos de acceso

zando sus tarjetas de red inalámbrica (Fig. 59). El uso de estas redes se encuentra más limitado y fuera del entorno doméstico y de oficina habitual.

Actualmente se está investigando en gran medida dentro del campo de las redes inalámbricas para mejorar su cobertura y su capacidad. Los mayores avances se han realizado en el tipo de modulación a emplear; en este sentido, por ejemplo, se está utilizando una nueva modulación denominada OFDM. También se están estudiando nuevos algoritmos para ordenar el acceso de las diferentes máquinas de usuario a la red, los denominados mecanismos MAC. De todas formas, las redes que utilicen ondas radioeléctricas como mecanismo de transmisión siempre se verán limitadas, ya que no se dispone de un espectro infinito. En una red cableada compuesta por una fibra óptica, si no se consigue suficiente velocidad, se puede instalar otra fibra (o cincuenta más). Sin embargo, en una red inalámbrica vía radio, si no se dispone de suficientes frecuencias para transmitir los datos, no es posible coger más,

58/ WLAN con
infraestructura

Punto de acceso

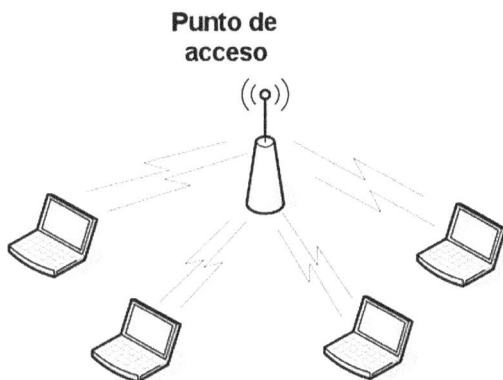

59/ Red ad-hoc

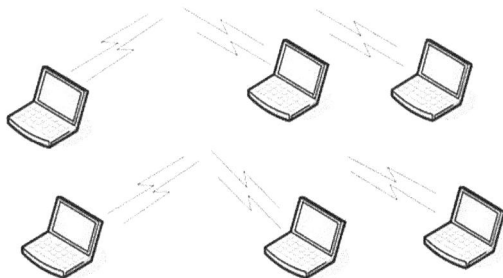

ya que seguramente éstas estarán siendo utilizadas por otro servicio u operador.

En España, el espectro radioeléctrico está completamente regulado por el Cuadro Nacional de Asignación de Frecuencias (CNAF) y nadie puede sobrepasar sus límites.

4. REDES TRONCALES: ¿PERO PARA QUÉ NECESITO UNA RED TRONCAL?

En los capítulos anteriores nos hemos fijado en las redes de corta distancia (redes de acceso) o las «pequeñas» (LAN). Ahora bien, ¿cómo es posible transportar la voz o los datos a grandes distancias? La respuesta se encuentra en las grandes infraestructuras que deben soportan estos servicios. Tradicionalmente se denominan *redes troncales*, y son la auténtica columna vertebral de la red, el soporte principal sin el cual las comunicaciones únicamente serían locales.

Pongamos un ejemplo: Cuando en las antiguas películas de los años 50 Cary Grant decidía llamar desde Londres a Nueva York, la conferencia internacional era atendida por una persona que se encargaba de gestionar el establecimiento de la conexión hasta el teléfono del destinatario, atravesando de forma jerarquizada un conjunto de centralitas. Desde cada centralita hasta la siguiente se realizaba la conexión manualmente, y así hasta llegar a Nueva York. No es difícil imaginar que Cary Grant debía esperar (con el teléfono colgado), hasta que al cabo de algunos minutos le llamaban de nuevo para informarle de que ya tenía su conferencia preparada y podía hablar.

Por supuesto, la automatización ha resuelto estas largas esperas, pero se mantiene el concepto de jerarquización de las centralitas para conseguir establecer la comunicación extremo a extremo. Las de mayor prioridad dentro del orden jerárquico son las más básicas en la columna vertebral de la red. Este esquema puede extenderse –con matices– a las grandes redes actuales. Es decir, en los sistemas de datos modernos existen enlaces de mayor jerarquía que otros, y su capacidad es también mayor.

4.1. Cómo tener enlaces de banda ancha y no perder la pista a la información en el intento

Las redes actuales proceden de la continua mejora en capacidades y calidad. Por increíble que parezca, parten de una base de telefonía de voz. Veámoslo: Cuando las compañías operadoras comprobaron y aceptaron las ventajas de la transmisión digital por encima de la analógica, se pusieron de acuerdo en la forma de convertir la voz analógica en flujos de bits. La velocidad usada fue de 64 Kbps para cada sentido de la comunicación. Por lo tanto, las nuevas tecnologías de red debían darle soporte y tener esta velocidad como referente.

Para poder incrementar la capacidad de transporte de un simple cable, aparecieron los estándares denominados PDH (*Plesiochronous Digital Hierarachy*), que permitían la transmisión de varios canales de voz digitales simultáneamente por ese mismo cable (multiplexación). El primer grupo de canales multiplexado resultó de agregar 32 canales de voz de 64 Kbit/s (realmente, 1 ó 2 –según el sistema– se dedican a información que no es de voz, quedando solamente 30 ó 31 para voz), y se puso especial cuidado en garantizar la recuperación de cada uno de ellos individualmente. Había nacido el canal a 2048 Kbit/s, que popularmente se conoce como *primario*, como E1 o como la primera jerarquía. Cabe mencionar que la notación E1 corresponde al estándar europeo. El estándar americano se denomina T1 (con una velocidad de 1554 Kbit/s), y el estándar japonés J1 (1544 Kbit/s).

Con el fin de seguir aumentando la capacidad de transporte soportada por un único cable, se diseñó un mecanismo por el cual se unirían por multiplexación 4 canales de tipo E1 sobre el mismo cable, para formar el denominado E2 (que es la segunda jerarquía). Su velocidad es la de los 4 canales E1 unidos ($2048 \cdot 4 = 8192$ Kbit/s), más el caudal procedente de unos bits adicionales que facilitarían localizar a cada canal E1. De modo que la velocidad final fue algo superior a 8192Kbit/s: 8448 Kbit/s, para ser exactos.

Con un procedimiento similar, también nacieron jerarquías superiores, como el E3, y aun otras de mayor capacidad. Dado que cada vez que aumentaba la velocidad, era preciso añadir una información adicional entre canales que permitiera recuperar correctamente cada canal de voz, se causaba un gran problema: si tenemos un flujo de datos E2, habrá $32 \cdot 4 = 128$ canales de voz, pero como hemos añadido información adicional para permitir localizar la posición dentro del flujo de bits donde están los canales de jerarquía inmediatamente inferior, resultaba que los canales de voz (la unidad básica de lo que se desea transmitir) quedaban ilocalizables a no ser que se siguiera un pesado proceso de desempaquetado del E3 para permitir acceder a los E2, y a su vez, los E2 para dejar a la vista los E1 y, ahí sí, recuperar los canales de voz.

Para explicarlo con un ejemplo, este procedimiento es similar a lo que ocurre con las famosas muñecas rusas, las matrioskas, que para poder ver la más pequeñita, hay que ir abriendo las más grandes (Fig. 60). El único detalle que difiere es que cuando abrimos una matrioska, dentro solo hay una muñeca, mientras que en el caso de PDH, cuando abrimos una jerarquía, dentro hay varias (por ejemplo, dentro de E2 hay cuatro E1).

Por lo tanto, este sistema PDH provoca la necesidad de tener equipos que permitan la extracción de un canal de voz que esté situado dentro de un canal de jerarquía superior. Estos equipos resultan muy costosos.

Para resolverlo, se inventó un sistema que evita este problema: se denominó SDH (*Synchronous Digital Hierarchy*). Su diseño parte de una velocidad básica de 155 Mbps (STM-1), y por lo tanto los caudales son muy elevados, adecuados para el transporte de muchísimos canales de voz, y en consecuencia, adecuados para los grandes redes troncales de los operadores.

Esta tecnología se empleó para el diseño de las grandes autopistas de la información europeas y mundiales de finales del siglo XX, tal como fue la red TEN155, que en la primera década del siglo XXI fue substituida por la red GEANT.

SDH es una tecnología todavía vigente en el año 2009, puesto que los estándares contemplan las velocidades a 622 Mbps (STM-4), 2,5 Gbps (STM-16), 10 Gbps (STM-64) y hasta 40 Gbps (STM-256). En laboratorio se ha llegado a los 160 Gbit/s sobre una única fibra óptica, aunque comercialmente se emplea hasta 10 Gbps. El estándar americano equivalente se denomina SOnet (*Synchronous Optical networking*), con características equivalentes.

Las limitaciones del SDH son la causa del siguiente avance tecnológico. El problema es que los canales SDH están pensados para velocidades de transmisión constantes, y realmente sería muy útil poder contar con una tecnología donde los usuarios pudieran transmitir con velocidades

60/ Imagen ilustrativa del proceso de anidado que se emplea en redes PDH

variables y además poder seleccionar la calidad requerida. Con esta idea, nació una tecnología denominada ATM (*Asynchronous Transfer Mode*). Curiosamente, ATM suele emplear a SDH como base para conseguir alta velocidad, aunque no es obligatorio.

4.2. ¿Se puede disponer de calidades diferentes en una misma red?

ATM fue diseñado para ofrecer al usuario un gran ancho de banda, y por tanto alta velocidad y bajo retardo. También ofrece la posibilidad de acordar con la red los parámetros contratados, e incluso renegociarlos durante la transmisión de los datos (aunque esta característica raramente ha estado disponible en las redes en explotación).

En ATM, el concepto de calidad de servicio adquirió su máximo esplendor. La calidad de servicio (QoS, *Quality of Service*) es simplemente un conjunto de parámetros que de forma objetiva indican la bondad del servicio. No están disponibles en cualquier red (por ejemplo, la clásica Ethernet no ofrece calidad de servicio, aunque recientemente hayan aparecido algunas soluciones en esta línea).

Los cuatro parámetros más habituales que se incluyen en la calidad de servicio son los siguientes: ancho de banda (medido en bps), retardo (en segundos o milisegundos), fluctuaciones del retardo (en milisegundos), y porcentaje de pérdidas de paquetes transmitidos. Se han definido también un conjunto de parámetros asociados a los caudales. Los más destacados son el caudal de pico (que es el máximo transmisible durante un cierto periodo de tiempo) y el sostenido (el que indefinidamente podría emplearse). Haciendo un símil automovilístico, el caudal sostenido seria la velocidad que un motor es capaz de soportar en un viaje largo, mientras que el de pico es la velocidad que esporádicamente puede alcanzar, pero que lo quemaría de ser mantenida demasiado tiempo.

Para comprender su importancia, veamos un ejemplo: El señor Cervantes ha decidido contratar un acceso a Internet de alta velocidad para poder estar al día de las obras literarias publicadas recientemente. Le ofrecen una conexión a 10 Mbps, que le parece satisfactoria. Pero cuando la emplea, descubre que el retardo de recepción de la información es de 10 segundos, que es completamente inaceptable. Y concluye: Tener un buen caudal no es suficiente para afirmar que una conexión tiene buena calidad de servicio.

Tras su disgusto, el señor Cervantes decide contratar con otro operador una conexión ADSL a 6 Mbps, donde además le garantizan un retardo de 100 ms. Gracias a su proverbial interés, tras leer las condiciones del servicio descubre que los 6 Mbps son el llamado caudal de pico y que el sostenido es el 10% de este valor, es decir 600 Kbps, lo cual significa que en caso de congestión de red, el operador sólo está obligado por contrato a transmitir 600 Kbps.

Técnicamente hablando, esto es posible para el operador porque ADSL se ofrece con frecuencia con una base de ATM. Esta situación es muy común entre los operadores. Si se emplearan otras tecnologías, la situación podría ser distinta, pero el usuario debería cerciorarse siempre de las condiciones de contratación.

En suma, ATM permite solicitar al usuario una conexión con la red con unas determinadas prestaciones, a partir de los parámetros de calidad de servicio. Es parecido a realizar una llamada telefónica donde, además de marcar los números del destinatario, indicáramos la calidad de la comunicación deseada durante el proceso de marcación. Por supuesto, la factura será proporcional a dicha calidad. En este sentido cabe decir que los mecanismos de tarificación siempre son algo fundamental para los operadores. Se puede adivinar que no es tarea fácil, y es por ello que las tarifas planas son una solución cómoda para todas las partes, tanto para la compañía que ofrece el servicio como para el cliente.

Las ventajas de una red basada en estrategias que permitan calidad bajo demanda son indudables, puesto que para transmisiones de videoconferencia el usuario podrá contratar alta calidad (gran ancho de banda y bajo retardo) y, por supuesto, pagar generosamente por ello, o bien conformarse con una baja calidad cuando simplemente desee recibir información que no le requiera ningún tipo de urgencia (correo electrónico), pero que le resultará muy económica.

4.3. ¿Y hoy en día, qué ocurre en los troncales?

En las tecnologías de red, las modas también juegan su papel. Aunque ATM es una tecnología muy interesante, su tiempo pasó sin haber llegado realmente a aprovechar sus capacidades. Un aspecto que influyó fue la dificultad a la hora de manejar el gran número de parámetros que se requieren para poder efectuar una buena administración del sistema.

Es indudable que la necesidad de ancho de banda no deja de crecer, derivado de la creciente demanda de mayor calidad, especialmente en servicios de vídeo que son los mayores consumidores de recursos. También los juegos en red suelen ser muy exigentes. Por ello, es claro que los ingenieros tienen trabajo garantizado investigando estrategias que mejoren las capacidades y reduzcan los precios.

En los últimos años, la tecnología MPLS (*Multiprotocol Label Switching*) nacida en el año 2001 se ha impuesto en la parte troncal de las redes. Su principal ventaja reside en su camaleónica facilidad para coexistir con muchos otros protocolos, y en especial su excelente adaptación para dar servicio en las redes troncales de IP, en Internet. Al mismo tiempo, facilita la escalabilidad de la red hacia tecnologías ópticas, y por lo tanto, al futuro incremento de velocidad.

En este punto, no hay que olvidar a una tecnología que ha sabido superar las dos décadas y mantenerse joven: Ethernet. Hoy en día, Ethernet se encuentra tanto en las redes domésticas más pequeñas como en los troncales. El secreto: su rango de velocidades y su increíble capacidad de coexistir en multitud de medios físicos, desde sus inicios con cable coaxial, pasando por par trenzado, y las más avanzadas versiones sobre fibra óptica, siempre manteniendo la compatibilidad. Desde las primeras versiones comerciales a 10 Mbps hasta las recientes versiones a 100 Gbps, las diferentes variantes de Ethernet permiten cubrir una amplísima gama de necesidades y servicios, tanto a nivel doméstico, como de empresa y de troncalidad de red.

4.4. ¿Qué cable escojo?

Cada tecnología de transmisión necesita unas condiciones específicas para su funcionamiento, tal como el tipo de medio de transmisión. De hecho, las redes se diseñan orientadas a un tipo de soporte físico (inalámbrico, cable coaxial, fibra óptica o incluso líquidos como el agua, para comunicaciones submarinas).

Los estándares existentes ya recogen los tipos de medios físicos compatibles con cada tecnología. De no ser así, la convivencia de diversos productos y fabricantes sería muy difícil o acaso imposible. Sin embargo, hay una serie de generalidades a tener en cuenta.

En las primeras instalaciones de telefonía, a principios del siglo XX, los cables quedaban colgando literalmente en las calles (Fig. 61). Cada uno de ellos enlazaba un aparato telefónico de un abonado con la central.

Con los años, evidentemente se ha trabajado para evitar esta situación. Hoy en día, existen normas para que se canalicen bajo tierra, pero aún quedan muchos de ellos aéreos. Los diversos enlaces entre abonado y central se han agrupado en un único cable, de varios centímetros de diámetro. Los abonados se distinguen fácilmente porque cada uno tiene un par de cobre de color diferente (Fig. 62).

La evolución de los cableados busca la obtención de un mayor ancho de banda que permita el incremento de velocidad y la fiabilidad de la transmisión, basada en la reducción del número de errores: los cables coaxiales (cobre) y, posteriormente, las fibras ópticas (basadas en silicio, que se puede obtener de la arena).

Las fibras ópticas, como es popularmente conocido, permiten capacidades excepcionalmente grandes. Resulta difícil aventurar los límites alcanzables, especialmente porque la ciencia demuestra que se superan una y otra vez, pero en el estado actual del conocimiento, una simple fibra óptica puede llegar a transportar varios Tbps (1 billón de bits por segundo).

La forma de transportar la luz se basa en el empleo de frecuencias muy puras, entorno a 10^{14} Hz, es decir, 100 Terahercios (popularmente se habla de colores, aunque las señales pueden no pertenecer al espectro visible por el ojo humano), sobre las cuales viaja la información (por ejemplo, una jerarquía SDH de 10 Gbps viajando en una portadora óptica).

Se emplean diodos LED o, preferiblemente, láser para introducir la información en la fibra. Se pueden emplear un conjunto de frecuencias, cada una de las cuales se denomina comúnmente *longitud de onda*. Aunque el término longitud de onda tiene un significado asociado a una frecuencia, aplicado a transmisión óptica adquiere una interpretación propia vinculada a la transmisión con cable de fibra, de alta capacidad.

Por medio de esta tecnología, es posible el soporte de varias longitudes de onda óptica en una misma fibra. Para ello, se emplean las técnicas de multiplexación denominadas WDM (*Wavelength Division Multiplexing*). Esta estrategia se suele combinar con el transporte de

61/ Un operario durante una revisión del cableado, a principios del s.XX

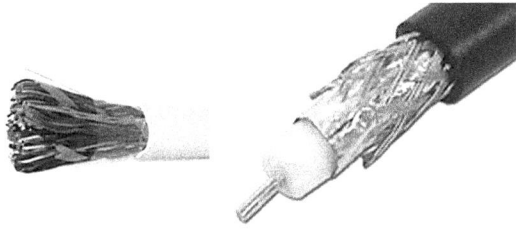

caudales de grandes jerarquías de SDH, o bien portadoras de Ethernet a 100 Gbps cada una.

Una fibra óptica puede llegar a albergar hasta unas 300 longitudes de onda ópticas simultáneamente. Claro está que estamos hablando de los límites de la tecnología actual. Uno de los problemas de les redes ópticas se encuentra en los mecanismos que deben emplearse en los nodos para conseguir que la información (que viaja en forma de luz) pueda conducirse hacia los destinos deseados. Para ello, las primeras generaciones de dispositivos emplean elementos básicos como prismas o espejos en miniatura controlados electrónicamente, que permiten controlar el camino que debe seguir la luz.

Las fibras ópticas permiten alcanzar distancias mucho más grandes que los cables de cobre, debido a la menor atenuación, y a la mayor robustez frente a las interferencias. Es habitual que los repetidores con cables de cobre deban instalarse cada 2 Km, mientras que con fibras ópticas cada 40 Km. Como consecuencia, en los sistemas de cables transoceánicos submarinos que se instalan actualmente, la fibra óptica es el cable preferido.

Evidentemente, los primeros cables submarinos que se instalaron se basaron en cobre. En 1851, las islas Británicas quedaron unidas a Europa a través del Canal de la Mancha por telégrafo, gracias a un cable submarino. En su época, este avance fue un hito, una auténtica revolución, para hacer llegar la información a grandes distancias casi instantáneamente.

La instalación de estos cables no está exenta de dificultades: Se requieren barcos especializados para poder unir los segmentos procedentes de las bobinas y cada cierta distancia fijar los repetidores que garanticen la calidad de la señal. Es fácil de imaginar a los barcos de finales del siglo XIX haciendo las maniobras para tender los cableados, y a los marineros y técnicos ocupados en las maniobras necesarias para la operación. Actualmente, los procesos han cambiado, pero el objetivo sigue siendo el mismo.

El SAT3/WASC (*South Atlantic Telecommunications cable no.3/West African Submarine Cable*) es un ejemplo de cable submarino. Instalado por Alcatel Submarine Netwoks, une la Península Ibérica con diversos puntos de África, y llega hasta Sudáfrica por medio de fibra óptica con una longitud total de 14350 Km.

En su primera instalación en 2001, ofrecía una capacidad de transporte de 20 Gbps. En junio de 2003 se amplió a 40 Gbps, y recientemente a 120 Gbps, posibilitando 5,8 millones de llamadas telefónicas simultáneas, 1,45 millones de canales de datos de 64 Kbps o 2304 canales de televisión. Su vida útil se estima en 25 años.

Los pescadores deben tener en cuenta que pueden tener restricciones legales para ejercer su labor a distancias menores a una milla náutica (1852 metros) del sistema de cable submarino, y que si causan daños pueden ser acusados legalmente.

Unir dos segmentos de cable submarino requiere una maquinaria especializada, y puede suponer un trabajo de varios días. La instalación de estos cables es realizado por profesionales cuya actividad podría formar parte de cualquier documental sobre trabajos singulares y arriesgados, incluyendo submarinistas especializados en la instalación y reparación de cables de red en las profundidades. Hay que tener en cuenta que eventualmente pueden romperse, ya sea por tensiones provocadas por las corrientes, o bien, por fricción debido al paso del casco de los barcos.

Aunque las fibras ópticas garantizan la calidad de la señal y ofrecen gran ancho de banda, la fijación de un cable al suelo o en las profundidades marítimas supone una dificultad y un coste. En los sistemas de transmisión sin cables los problemas se concentran en los dispositivos de transmisión o repetición. Por lo tanto, los radioenlaces juegan un papel fundamental en la propagación de la información en zonas de difícil acceso o de muy baja densidad de población.

La denominación de *radioenlace* se refiere a cualquier interconexión entre terminales de telecomunicaciones efectuados por ondas electro-

63/ Preparación del cable submarino dentro del barco, antes de efectuar la instalación

magnéticas. Estos terminales son en general fijos, pero también pueden ser móviles, y sus frecuencias de operación están entre los 800 MHz y los 42 GHz. La instalación de los dispositivos suele efectuarse en puntos de gran visibilidad y, por tanto, es habitual verlos en cimas de montañas, con mástiles cargados de antenas parabólicas orientadas hacia los puntos donde se encuentran sus correspondientes receptores o repetidores.

Por su naturaleza, los repetidores son pasivos cuando se comportan como espejos, y activos cuando pueden amplificar la señal. No siempre es posible alimentar a los repetidores, y en esos casos se opta por los dispositivos pasivos. Los radioenlaces funcionan en serie, enviando y reenviando la información un enlace tras otro.

Un caso particular es el de los enlaces vía satélite. Como su propio nombre indica, emplean un satélite para la comunicación entre dos puntos de la tierra. El satélite actúa como un espejo de la señal: Primero es enviada hacia al satélite, y éste la reenvía de nuevo hacia la tierra, de forma focalizada a un punto, o bien propagándola en una determinada área de cobertura.

Los satélites orbitan alrededor de la tierra, pudiendo ser geoestacionarios (su velocidad de giro coincide con la de la superficie terrestre y por tanto aparentan estar en una posición fija) u orbitales (se mueven a velocidad diferente a la de la Tierra y por consiguiente van cambiando constantemente la zona a la que dan servicio). Los satélites geoestacionarios orbitan a una altura de 35786 Km por encima del Ecuador, y operan

64/ Red submarina
SAT-3/WASC
(http://www.safe-sat3.co.za)

a unas frecuencias de varios GHz. Esta distancia supone un retardo de propagación, tanto para subida como para bajada de la información al satélite, de aproximadamente 150 milisegundos. Es decir, el retardo total (sólo considerando la propagación) es de unos 300 ms o, en otras palabras, algo menos de un tercio de segundo. Este tiempo es considerable. Por ejemplo, en una llamada telefónica a través de satélite se hace patente con unas esperas a la respuesta del interlocutor que resultan desagradables para poder mantener una conversación.

Los satélites se emplean tanto para las llamadas de voz, como para la transmisión de televisión y también para tráfico de datos tal como internet. Orientativamente, un único satélite puede soportar unos 10 Gbps de datos o unos 1000 canales de voz digitalizada de 64 Kbps.

En el mismo campo de las transmisiones inalámbricas cabe mencionar los sistemas *Ultra-Wide-Band*. Este término general refiere a cualquier tecnología radio que use un ancho de banda mayor de 500 MHz o del 25% de la frecuencia central. La tecnología UWB se emplea en redes PAN (*Personal Area Networks*), para conseguir altas velocidades en distancias muy cortas. Por ejemplo, los dispositivos USB sin hilos ya tienden a ser implementados con UWB.

Difiere de las estrategias empleadas para WLAN 802.11 o Bluetooth por la forma en que emplea el ancho de banda, con el resultado de ser capaz de transmitir a mayor velocidad (hasta unos 500 Mbps). UWB puede trabajar en la banda que va desde 3,1 GHz hasta 10,6 GHz, mientras

65/ Torre de telecomunicaciones de Barcelona

que Bluetooth o WLAN 802.11 están restringidos a 2,4 o 5 GHz. Por tanto, se puede anunciar un futuro de UWB exitoso en el campo de las redes PAN inalámbricas.

También en el campo de los futuribles, son de obligada mención las tecnologías de radio cognitiva, que aportarán inteligencia en las transmisiones inalámbricas a la hora de seleccionar los parámetros. De este modo se busca proporcionar una comunicación eficiente y evitar las interferencias.

La idea se basa en la monitorización del estado de la señal, y en ajustar las características al marco más favorable (por ejemplo, la elección de la frecuencia, la potencia de transmisión, etc.). Un ejemplo muy sencillo es el ruido existente en una sala producido por la charla de todos los asistentes: Aunque lo habitual es subir el volumen para que los interlocutores puedan escuchar mejor las palabras, si todos ellos reducen su volumen, también podrán entender las conversaciones y no molestarán tanto a los vecinos.

Esta simple idea, ya existente en otras tecnologías, sirve como muestra de las posibles virtudes de la radio cognitiva. En el estándar IEEE 802.22 para WRAN (Wireless Regional Area Networks), se ha trabajado para elaborar un estándar de interfaz de radio cognitivo.

5. INTERNET, EL NOMBRE QUE LO ENGLOBA TODO

Hasta este momento hemos visto un gran número de redes, todas ellas independientes entre sí, con diferentes tecnologías y protocolos de comunicación. El problema que nos surge ahora es cómo las conectamos para formar una red global, una red a la que el público en general está muy habituado, pero que no acaba de conocer cómo funciona: Internet.

En este inicio del siglo XXI es difícil pensar que Internet no forme parte de nuestra vida cotidiana, independientemente de la edad que tengamos. La usamos para la navegación web, para acceder a servicios de información, para la reserva de billetes de transportes y espectáculos, para la planificación de rutas a través de los servicios de mapas, entre otros. Internet nos ofrece el correo electrónico como medio generalizado de comunicación multimedia rápida, los chats, las redes sociales, cada vez con mayor auge, los buscadores de información… y un largo etcétera de aplicaciones de uso diario. Todas estas aplicaciones y servicios están presentes en nuestro día a día, tanto en el ámbito escolar, como en el de trabajo o de ocio.

¿Pero qué es realmente Internet? Internet es la conexión de todas estas redes, que pueden estar formadas por diferentes tecnologías, pero que utilizan unos protocolos de comunicación comunes, y recogidos en la arquitectura TCP/IP. Por ejemplo, un turista japonés en Tokio se conecta a través de su teléfono móvil para consultar el mapa del Metro de Barcelona que está almacenado en un ordenador conectado por fibra óptica. Lo que el usuario percibe es la posibilidad de acceder a una información, sin embargo no sabe en qué lugar geográfico está almacenada. Saltando a través de todas estas redes, sus peticiones de información pueden ser atendidas, los datos transferidos y visualizados en la pantalla del usuario.

En este contexto, las compañías de telecomunicación que nos permiten acceder a Internet se denominan *Proveedores de Servicio de Internet* (ISP – Internet Service Providers). Cada ISP, con su red de transporte, su red o redes de acceso y todos sus clientes con sus redes de usuario, forman un núcleo dentro de Internet, una red independiente administrada bajo las políticas de funcionamiento del propio ISP; este sistema administrativamente independiente se denomina *Sistema Autónomo* (AS – Autonomous System). Ejemplos de AS son Telefónica, Vodafone, France Telecom. Para tener una idea del tamaño de Internet, organismos como Caida realizan esfuerzos en la construcción de mapas de conectividad. La figura 66 muestra uno de estos mapas. Cada cuadrado representa un AS, las líneas que los unen entre sí son las conexiones entre ellos. Para poder comunicar dos ordenadores que esten abonados a un AS diferente, dichos AS deben estar conectados entre sí, si no lo están deberán hacer un salto a un tercero o a un cuarto que les permita finalmente establecer una línea de conexión. Los AS pequeños normalmente están conectados con otros pocos AS (la figura 66 presenta cuadrados con solamente dos o tres líneas), los AS grandes están conectados con otros muchísimos AS.

66/ Mapa de conectividad de sistemas autónomos conectados a Internet en 2008. Fuente: Caida

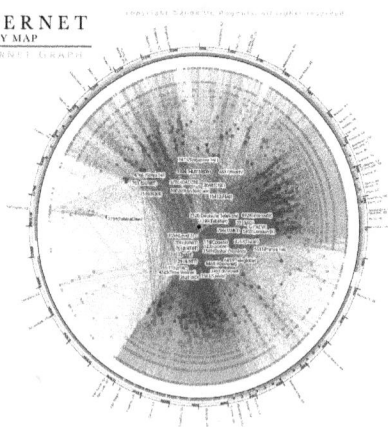

De hecho, el color de cada cuadrado indica el número de conexiones que tiene, ¡los rojos están conectados con aproximadamente otros 1000 AS! Además hay que tener en cuenta que cada cuadrado representa miles de usuarios conectados a Internet.

El principal problema que se nos presenta es que los dispositivos que queremos comunicar pueden estar conectados a redes de tecnologías diferentes incompatibles entre sí y separadas miles de kilómetros. En este sentido, definimos Internet como la «red de redes»: hemos conseguido que muchas redes diferentes puedan conectarse y entenderse entre sí, hasta el punto de que un usuario tiene la sensación de que se trata de una sola red. No pocas veces hemos escuchado: «Me conecto a Internet». Pero realmente lo que hacemos es manipular nuestro ordenador que está conectado a una Wi-Fi, que utilizando los protocolos de comunicación adecuados se conecta a una red ADSL y después a una ATM, para llegar finalmente al ordenador que dispone de la información que deseamos y que está conectado a una red Ethernet. Sin embargo el usuario no es consciente de ello, él simplemente se «conecta a Internet».

Por lo tanto, las tareas de los ingenieros de telecomunicación y telemática ha sido desarrollar toda una serie de protocolos de comunicación y funciones para compatibilizar todas las redes de tecnologías diferentes. La primera de estas tareas es definir una manera de nombrar un dispositivo de esta red Internet, es decir, permitir que sea accesible mediante un identificador que denominamos *dirección*. Es un concepto análogo al sistema de telefonía, en el que cada usuario de la red requiere un número

67/ Arquitectura de
protocolos TCP/IP

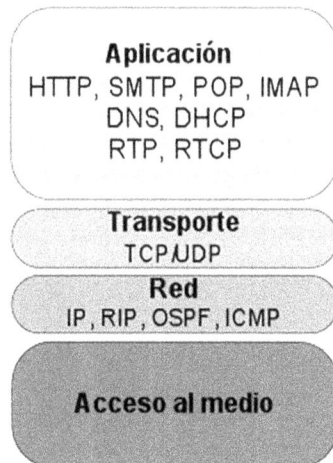

Aplicación
HTTP, SMTP, POP, IMAP
DNS, DHCP
RTP, RTCP

Transporte
TCP/UDP

Red
IP, RIP, OSPF, ICMP

Acceso al medio

de teléfono. Pues bien, el hecho de que sea una red global, implica que necesitemos que este identificador sea único e independiente de la tecnología de red que utilicemos y que nos permita además de identificar al dispositivo, encontrar el camino para llegar hasta él (es decir: quién es, dónde está y cómo llegar a él). Aquí aparece, pues, el concepto de *direccionamiento lógico*, que en la red Internet se refiere a la dirección IP (@IP). Esta dirección es configurable por el usuario, aunque debe ser asignada por un organismo internacional de Internet (IANA: *Internet Assigned Numbers Authority*) para asegurar que no se repitan direcciones. Los operadores de Internet o ISP (Internet Service Provider), además de ofrecer el acceso a Internet, actúan como intermediarios y también nos ofrecen estas direcciones fundamentales para permitir conexión a Internet.

En este punto somos ya capaces de identificar un dispositivo en Internet, pero ¿cómo se entienden los diferentes usuarios o dispositivos que se conectan? Esto lo resuelven las *arquitecturas de protocolos,* que incluyen un conjunto de normas, análogo a los idiomas, que permiten estructurar la información a enviar y describir los formatos de los datos, etc. Al hablar de la red Internet, este conjunto de normas se denomina *arquitectura de protocolos TCP/IP* o de *Internet*. En la figura 67 puede verse la estructura en capas de esta arquitectura, con la mayoría de los protocolos que la componen.

En siguientes apartados describiremos los conceptos más relevantes de algunos de los protocolos de esta arquitectura. Hay que destacar que los protocolos van a permitir la comunicación entre dos extremos de Internet, preocupándose de todas las funcionalidades necesarias para que los servicios requeridos por los usuarios puedan llevarse a cabo.

5.1. La madre del cordero: direccionamiento y encaminamiento en Internet

Actualmente las direcciones que se utilizan en Internet son las direcciones IP en su versión 4. Están formadas por 32 bits y para que sean fáciles de recordar se expresan en 4 números decimales (cada uno de 8 bits) separados por un punto, aunque internamente los ordenadores no ven estos puntos. Así tenemos, por ejemplo:

147.83.39.1

68/ Dirección IP v4

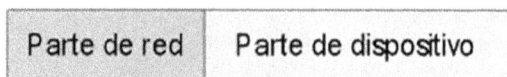

Parte de red	Parte de dispositivo

Ningún bloque puede ser mayor de 255, ya que éste es el mayor número decimal que se puede construir con 8 bits.

Para que las direcciones IP resulten más fáciles de tratar mientras viajan por Internet, éstas constan de dos partes: la denominada *parte de red* y *la de dispositivo*. Esta idea se refleja en la figura 68. La posición de la división entre las dos partes viene indicada por la máscara de red. Mientras los paquetes viajan, los routers solamente procesan la parte de red de la dirección destino, igual que en el servicio postal únicamente se mira la ciudad destino mientras la carta viaja por el país. Solamente al llegar a la red final, se hace uso de toda la dirección para identificar el ordenador al que debe entregarse la información.

Con la evolución de Internet, se planteó que para resolver las problemáticas y carencias de la versión 4 de IP hacía falta redefinir el protocolo de Internet. Para ello se hicieron unos primeros borradores (IPv5) y después se habló de IPng (IP Next Generation). Finalmente, a la nueva versión del protocolo IP se la ha denominado IPv6. Actualmente se encuentra disponible en ordenadores, routers, aplicaciones..., pero no se utiliza masivamente. Dentro de las ventajas de este nuevo protocolo, cabe destacar la ampliación del espacio de direcciones. De 32 bits se ha pasado a 128 bits, es decir, podemos pasar de direccionar 4.294.967.296 dispositivos a 3,40282366 920938463463374607431777e+38. Las direcciones IPv6 están formadas de 8 campos con 4 dígitos hexadecimales, un ejemplo sería:

ABF1:2345:AAAA:1CBA:BFFF:C111:700F:9A7C

Otra característica de IPv6 es que se han introducido funcionalidades de seguridad; así, en la propia definición del protocolo y no como cosa añadida, figuran funciones de autoconfiguración, entre otras.

Las direcciones típicas de Internet son las que denominamos *direcciones públicas*, éstas no tienen ninguna restricción para poder ser utilizadas por cualquier máquina conectada. Sin embargo, existen otras direcciones que se diseñaron para ser usadas de forma privada, son las *direcciones privadas*. Éstas solamente pueden ser usadas en un entorno local no conectado a Internet (o al menos no conectado directamente), y por lo tanto pueden usarse en diferentes redes, de forma repetida. Para poder conectar ordenadores con direcciones privadas a Internet hacemos uso de los NAT (*Network Address Translator* o traductores de direcciones de red). Los NAT permiten que muchas direcciones privadas puedan utilizar una sola dirección pública. Esto es conveniente porque ahorramos direcciones públicas y además nadie sabe qué estructura tiene nuestra red interna, ya que todas las máquinas se ven con la misma dirección pública desde el exterior. Este efecto incrementa la seguridad de nuestra red.

A parte de la definición de las direcciones IP, Internet nos ofrece el servicio de envío de datagramas en un modo que se conoce como *best effort*. Este modo no asegura fiabilidad, puede haber duplicados y puede desordenar la información, igual que puede comportarse el servicio postal. En el servicio postal un usuario tiene una información que distribuye en sobres en los que especifica una dirección destino y, en la mayoría de los casos y de forma recomendada, especifica el remitente. La información del destinatario es aquella que permite *no solamente identificar al usuario* (nombre y apellidos o apartado de correos), sino también *cómo llegar hasta él* (especificamos los siguientes datos: país, ciudad, calle, número, piso). De esta forma conseguimos que la propia información que mandamos sea suficiente para encaminar los datos hacia el destinatario. De forma análoga, en Internet la información a mandar la encapsulamos en paquetes de datos denominados *datagramas*, en lugar de sobres, en los que especificamos las direcciones Internet destino y origen.

Ahora bien, de manera similar al sistema postal, la red Internet no asegura la entrega de datos. Una información puede perderse por el camino, y en Internet además puede duplicarse o no encontrar el camino hacia el destino. En definitiva, la red hará lo que pueda para entregar la información, pero en caso de que no pueda entregarse, no hará nada para solucionarlo. Solamente seremos capaces de detectar algunos problemas, como ocurre en el sistema postal. Por ejemplo, si hemos especificado el remitente (dirección IP origen) seremos capaces de devolverle la información e incluso, si sabemos la causa por la cual ésta no ha sido entregada, podremos especificarla en la devolución. En Internet estas funciones las realiza el protocolo ICMP (*Internet Control Message Protocol*) que no soluciona los problemas, pero sí que es capaz de notificarlos. Cabe destacar que este protocolo además se encarga de algunas tareas de monitorización y control.

Finalmente, de la capa de red de la arquitectura de Internet debemos destacar la *función de encaminamiento*, que la podemos definir como aquella que hará posible que un usuario situado en una red pueda intercambiar datos con otro usuario de otra red. Es decir, ¿cómo podemos llegar a través de la telaraña de nodos de Internet de un usuario a otro? Podemos imaginarnos la función de encaminamiento de Internet como una telaraña, en la que en cada punto de intersección se encuentra un elemento denominado *router* encargado de recibir los datos del nodo predecesor y enviarlo hacia el siguiente nodo de la red, para que así sucesivamente lleguemos al destino. Esta función es la encargada de buscar rutas, y una de ellas será la mejor, la denominada *ruta óptima*, que nos permitirá llegar al destino de la forma más económica posible desde el punto de vista de tiempo, coste económico...

Para poder saber dónde está conectado cada dispositivo de la red, los routers dialogan entre sí utilizando los *protocolos de encaminamiento*. Con este diálogo cada router es capaz de construir lo que se denomina su *tabla de encaminamiento*, que consiste en las rutas a seguir para enviar un datagrama a cualquier destino del mundo.

5.2. La fiabilidad en los datos y la multiplexación: ¿Te ce qué?

Tal y como hemos comentado anteriormente, la capa de red no asegura la fiabilidad en la entrega de los datos, así como la función de multiplexación de diferentes servicios en una misma conexión de red. Para ello se define la capa de transporte que básicamente está implementada con dos protocolos, UDP (*User Datagram Protocol*) y TCP(*Transmission Control Protocol*). De esta forma, en la capa de transporte se define otro identificador lógico, el *puerto*, que permite que varias aplicaciones de un ordenador puedan conectarse simultáneamente a Internet utilizando una sola conexión de red; es lo que se llama *multiplexación en la capa IP*. Estos puertos pueden ser «bien conocidos» (*well known ports*) o asignados por el sistema operativo cuando se necesitan. Los bien conocidos se refieren a aquellos servicios que interesa que sean accesibles de forma conocida por otros dispositivos. Son por ejemplo los servicios web (puerto 80), entre otros. La pareja puerto-@IP define lo que se denomina el *socket* o *punto final*.

El primero de los protocolos de transporte, el UDP, no añade nada más que la multiplexación a la capa IP. En cambio, el segundo, el TCP, además de esta función, añade las de control de errores y control de congestión en la red. Éste es un protocolo muy complejo ya que se encarga de asegurar la fiabilidad en una red en la que no se asegura nada (recordemos que la red IP puede perder información, duplicarla y desordenarla).

6. OTRAS REDES: LOS NUEVOS FICHAJES

Aparte de las redes tradicionales que hemos explicado hasta el momento, están surgiendo nuevos tipos de redes que permiten ampliar el abanico de posibilidades en las telecomunicaciones. Así, en este subcapítulo se presentan algunos tipos de estas nuevas redes como las redes inalámbricas de área personal (WPAN), redes inalámbricas de área corporal

(WBAN) y redes inalámbricas multisalto. Estas últimas incluyen las redes móviles *ad-hoc* (MANET), redes inalámbricas malladas (WMN) y redes inalámbricas de sensores (WSN).

6.1. Redes inalámbricas de área personal: Tejiendo la telaraña a nuestro alrededeor

Las redes inalámbricas de área personal, conocidas en inglés como *Wireless Personal Area Networks* (WPAN), consisten en redes formadas por los dispositivos que se encuentran en el entorno de una persona y que emplean tecnologías inalámbricas para transmitir y recibir información. Dado que se supone que la distancia entre una persona y los dispositivos de su entorno es corta, las tecnologías de este tipo de redes tienen un alcance típico de hasta unos 10 m, pese a que en algunos casos el alcance puede ser superior, del orden de hasta unos 100 m.

Existen varios tipos de tecnologías diseñadas para redes WPAN. Esto es debido a que existen distintas aplicaciones que requieren que las tecnologías tengan características adecuadas para cada caso (como la velocidad de transmisión, la complejidad o el consumo de energía). A continuación se resumen los aspectos de las principales tecnologías para la transmisión de información en redes WPAN.

IEEE 802.15.1/Bluetooth

Bluetooth define una tecnología diseñada para la interconexión e intercambio de información de forma inalámbrica entre dispositivos como ordenadores portátiles, teléfonos móviles, impresoras, consolas de video-juegos, cámaras, etc. Este propósito ejemplifica los objetivos de una WPAN.

69/ Dispositivos
Bluetooth

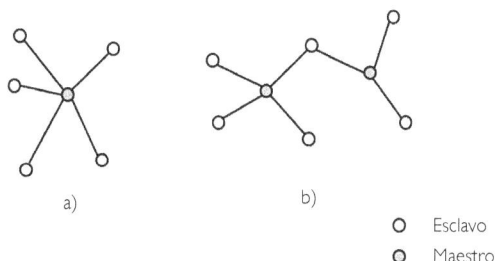

70/ a) Piconet;
b) Scatternet

a)   b)

○ Esclavo
◉ Maestro

En su modo básico, Bluetooth proporciona una velocidad de transmisión de datos de 1 Mbps, que suele ser suficiente para la mayoría de los usos que corresponden a los dispositivos indicados. Versiones posteriores soportan velocidades de transmisión superiores, de 2 Mbps y 3 Mbps. Bluetooth opera en la banda de 2.4 GHz, que se puede usar de forma libre a nivel mundial. Dependiendo de la potencia de transmisión empleada, el alcance de los dispositivos de Bluetooth puede ser desde 1 m hasta 100 m.

Dos o más dispositivos Bluetooth que emplean un mismo canal para comunicarse forman lo que se denomina una *piconet*, que puede constar de hasta 8 dispositivos activos de forma simultánea. En una piconet, existen dos tipos de dispositivos: el maestro (solo puede haber un único maestro por piconet) y los esclavos, que se conectan al maestro formando una topología en estrella. El maestro, que constituye el dispositivo central de la piconet, se encarga de elegir los dispositivos con los que establece conexiones e inicia tales establecimientos. Bluetooth ofrece dispositivos que permiten conectar dos piconets, para formar una red mayor, denominada *scatternet*. La figura 70 muestra ejemplos de una piconet y una scatternet.

IEEE 802.15.3

El estándar IEEE 802.15.3 fue desarrollado como tecnología para redes WPAN de alta velocidad, con el objetivo de posibilitar aplicaciones de transmisión de imagen y multimedia. Este tipo de aplicaciones requieren la transmisión de gran cantidad de datos por unidad de tiempo.

IEEE 802.15.3 soporta velocidades de transmisión de 11 Mbps, 22 Mbps, 33 Mbps, 44 Mbps y 55 Mbps. El estándar define el uso de señales en la típica banda de 2.4 GHz, disponible para su uso a nivel mundial. El alcance típico de las transmisiones es de entre 30 m y 50 m. En cuanto a las funcionalidades MAC, el protocolo define un coordinador de la red que controla el ingreso de nuevos dispositivos a la red y asigna los tiempos para la transmisión entre dispositivos.

Actualmente, se está trabajando en extensiones del estándar para soportar tasas de transmisión del orden de 2 Gbps, las cuales posibilitan aplicaciones como vídeo bajo demanda, televisión de alta definición, etc.

IEEE 802.15.4

El estándar IEEE 802.15.4 fue concebido para posibilitar un amplio abanico de aplicaciones de control y monitorización. En estas aplicaciones, los dispositivos, que suelen ser sensores, no requieren velocidades de transmisión elevadas. Esto es debido a que, en estas aplicaciones, se puede requerir la transmisión de unos pocos bytes de información (por ejemplo, una medida de temperatura) de forma poco frecuente. Sin embargo, dado que estos dispositivos suelen estar alimentado a través de una batería, el estándar fue diseñado para que el consumo de energía de los dispositivos fuera el menor posible. De hecho, un sensor, con su batería, debería poder ser ubicado en una cierta zona, y debería poder funcionar durante meses o incluso años, evitando que se tenga que reemplazar su batería por una nueva.

A nivel físico, IEEE 802.15.4 define el uso de señales en las bandas de frecuencia de 868 MHz, 915 MHz y 2.4 GHz. La primera es una banda de uso libre en Europa, la segunda está disponible en Estados Unidos y la tercera está libre a nivel mundial. Las señales que se emplean en estas bandas ofrecen velocidades de transmisión de datos de 20 Kbps, 40 Kbps y 250 Kbps, respectivamente. Efectivamente, estas velocidades son inferiores a las que ofrecen otras tecnologías, por los motivos que se han explicado anteriormente. Dependiendo de la potencia de transmisión que se emplee, el alcance de las transmisiones de un dispositivo puede variar entre 10 m y 100 m, aproximadamente.

IEEE 802.15.4 define dos tipos de dispositivos: los dispositivos con funcionalidad completa, en inglés *Full Function Devices* (FFD), y los dispositivos con funcionalidad reducida, *Reduced Function Devices* (RFD). Los FFD pueden ejercer cualquier rol en la red, como por ejemplo coordinar la red (esto es, determinar en qué momentos pueden intentar transmitir datos los dispositivos) o realizar funciones de enrutado. Por su parte, los RFD deben estar conectados a los FFD y no pueden coordinar la red ni enrutar datos.

IEEE 802.15.4 define dos tipos de topología de red: la topología en estrella y la topología *peer-to-peer*, o mallada. En el primer caso, los dispositivos están conectados a un único dispositivo central, mientras que

71/
a) Topología en estrella,
b) Topología mallada

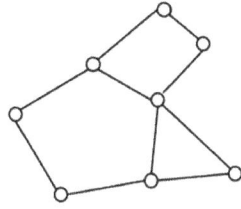

a)   b)

en el segundo, la red está formada por los enlaces que existan, sin seguir ninguna disposición particular; como muestra la figura 71.

IEEE 802.15.4 es una de las tecnologías más utilizadas para la implementación de redes WSN.

6.2. Redes inalámbricas de área corporal: Un áurea electromagnética a nuestro alrededor

Las redes inalámbricas de área corporal, conocidas en inglés como *Wireless Body Area Networks* (WBAN), son redes formadas por dispositivos que transmiten de forma inalámbrica y se ubican principalmente en el cuerpo de una persona, o en su entorno cercano. Estos dispositivos, que deben ser ligeros y de tamaño reducido, pueden estar incorporados en accesorios (como pulseras, relojes, collares o auriculares), pueden ser dispositivos portables en la ropa, o bien pueden estar implantados en el propio cuerpo de la persona.

Algunos de los usos de las WBAN son los siguientes:

– Deporte: Un atleta puede llevar varios dispositivos sensores, por ejemplo, en sus zapatillas, para calcular su velocidad al correr, así como sensores de ritmo cardíaco. Toda esta información puede ser mostrada en la pantalla del reloj del atleta, si está equipado con la tecnología necesaria.

– Medicina: Un paciente puede disponer de sensores implantados en el cuerpo que midan constantemente sus constantes vitales. Los datos sensados pueden ser transmitidos a través de la WBAN hasta un dispositivo emplazado en el mismo cuerpo (p. ej. un reloj) u otro dispositivo cercano al cuerpo (p. ej. un equipo de diagnóstico de un médico).

– Entretenimiento: Una persona puede disponer de auriculares a los que se puede transmitir una señal de audio (p. ej. música) de forma inalámbrica desde un dispositivo como un reproductor o la radio, que esté siendo llevado por la propia persona.

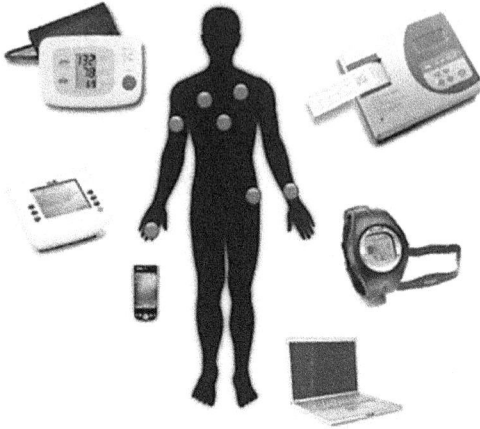

Aún no existen tecnologías estandarizadas para las redes WBAN. De hecho, para las aplicaciones descritas anteriormente, se han empleado tecnologías que habitualmente se engloban dentro de las WPAN (p. ej. Bluetooth) o dentro de las redes de sensores, de las cuales se hablará más adelante. Sin embargo, se están realizando propuestas de tecnologías para WBAN dentro del organismo que se encarga de este cometido, esto es, el Task Group 6 del comité 802.15 del IEEE. La tecnología que se elija en este ámbito se denominará, presumiblemente, IEEE 802.15.6.

6.3. Redes inalámbricas multisalto: Aprovechándose del vecino

Las redes inalámbricas multisalto engloban un amplio conjunto de redes que poseen una característica en común: el hecho de que están constituidas por dispositivos que transmiten de forma inalámbrica y donde la información se transmite y reenvía a través de varios dispositivos (es decir, realizando varios saltos) desde el equipo transmisor hasta el equipo receptor. La figura 73 muestra un ejemplo de este tipo de comunicación. En la figura, el nodo A no se puede comunicar directamente con C. Sin embargo, el nodo A puede comunicarse con el nodo B, y éste, con el nodo C. Entonces, el nodo B retransmite al nodo C la información que le envía el nodo A.

– Las redes inalámbricas multisalto tienen las siguientes propiedades: Permiten que la potencia de transmisión del equipo que emite los datos sea inferior a la que éste debería emplear si quisiera alcanzar al equipo receptor de forma directa.

A   B   C

73/ Red multisalto

– Pueden ofrecer varios *caminos* para que los datos sean transmitidos desde el equipo emisor hasta el destino. Esta propiedad es interesante, puesto que si ocurre un problema en un camino, se pueden emplear los caminos restantes.

Existen tres grandes familias de redes inalámbricas que podríamos considerar multisalto: las redes móviles *ad-hoc*, o bien, en inglés, *Mobile Ad-hoc Networks* (MANET); las redes inalámbricas malladas, o bien, *Wireless Mesh Networks* (WMN) y las redes inalámbricas de sensores, o bien, *Wireless Sensor Networks* (WSN).

Redes móviles *ad-hoc* (MANET)

Las redes MANET, tienen un origen militar como ha ocurrido con muchos de los grandes avances tecnológicos del ámbito de la electrónica y las comunicaciones. En el campo de batalla, los soldados pueden necesitar comunicarse. Sin embargo, no se puede asumir que exista infraestructura de comunicaciones (p. ej. telefonía móvil), puesto que tal infraestructura puede no estar disponible o haber sido destruida. En ese caso, se asume que cada soldado puede disponer de un equipo de comunicaciones inalámbrico, de modo que todos los equipos pueden formar una red inalámbrica multisalto. Además, dado que los equipos de comunicaciones son inalámbricos, los soldados pueden moverse libremente, de modo que los equipos, también denominados *nodos*, que constituyen la red, se mueven. De esta manera, la red puede sufrir cambios con cierta frecuencia. Para permitir que una red de este tipo pueda funcionar pese a que sus nodos puedan moverse, la red debe ser autoconfigurable y disponer de mecanismos que permitan encontrar caminos (si existen) desde un nodo origen hasta un nodo destino.

La flexibilidad de las redes MANET es su principal punto fuerte, de modo que permiten un despliegue sencillo, sin requerir infraestructura de ningún tipo. En otras palabras, se forman espontáneamente y para un propósito concreto, es decir, *ad-hoc*.

Pese a su origen militar, las redes MANET pueden emplearse para usos civiles. Algunos ejemplos son los citados a continuación:

– Redes para comunicaciones en situaciones de emergencia. Las infraestructuras de comunicaciones (telefonía fija, móvil, etc.) pueden

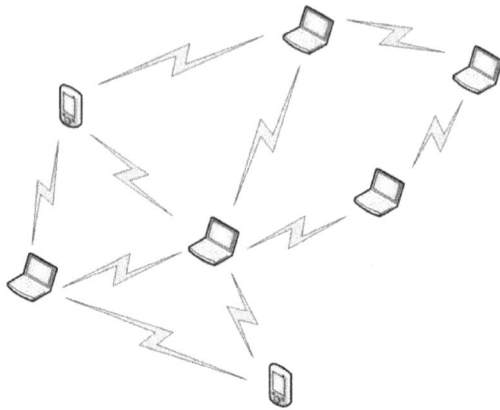

74/ Estructura de una
MANET

resultar destruidas como consecuencia de catástrofes, como terremotos, huracanes, etc. Los equipos de rescate podrían comunicarse mediante tecnologías de red MANET.

- Redes para comunicación entre vehículos, esto es, las denominadas *Vehicular Ad-hoc Networks* (VANET). Esta tecnología, que se está abriendo camino en el mercado del automóvil, permite crear redes MANET a partir de equipos de comunicaciones emplazados en estos vehículos. Esta funcionalidad permite, por ejemplo, que un vehículo que detecte una posible situación de emergencia en la carretera la comunique al vehículo que le sigue, y así sucesivamente.

- Redes formadas por los ordenadores portátiles de las diferentes personas que asisten a una reunión de trabajo.

- Redes formadas por los dispositivos de un grupo de amigos para jugar en red.

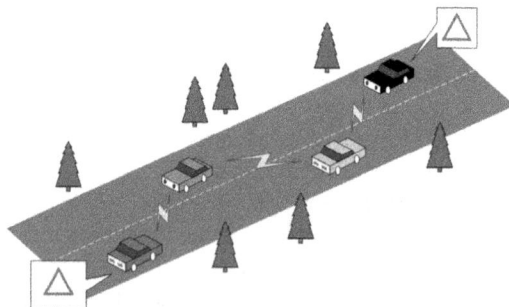

75/ Estructura de una
VANET

En una MANET, se asume que todos los dispositivos deben poder actuar en un momento dado como fuente o destino de la información, y también deben poder actuar como enrutadores de la misma.

Encaminamiento en redes MANET

De la misma forma que en otras redes (p. ej. en la misma Internet), en este caso también es necesario que exista un protocolo de encaminamiento para determinar por qué camino debe transmitirse la información en una MANET. Los protocolos de encaminamiento para redes MANET pueden clasificarse en protocolos proactivos y reactivos. Por otro lado, existe un conjunto de protocolos híbridos que combinan características de ambos.

El encaminamiento proactivo busca mantener las tablas de encaminamiento de los nodos permanentemente actualizadas, de forma que cuando un nodo quiera enviar datos a otro ya disponga de la información necesaria para alcanzar a su destino. En términos generales, esto supone un intercambio periódico de información entre los nodos.

En oposición al funcionamiento del encaminamiento proactivo, los protocolos reactivos pretenden buscar las rutas bajo demanda entre un nodo origen y un destino. De este modo, cuando un nodo debe mandar un paquete inicia un mecanismo que le permite averiguar qué camino debe seguir ese paquete.

Redes inalámbricas malladas (WMN)

Se denomina *redes inalámbricas malladas* a las redes inalámbricas multisalto que, a diferencia de las redes MANET puras, son desplegadas de forma planificada y disponen de infraestructura. Esta infraestructura consiste en un esqueleto de red, que constituye el núcleo de la misma y suele estar compuesto por nodos cuya posición es fija. Este tipo de redes se suele emplear para proporcionar acceso a Internet o a la red de una cierta comunidad. Una ventaja de las redes WMN consiste en que no es necesario que existan cables para la comunicación entre los distintos dispositivos de la red. De este modo, el despliegue del esqueleto de la red es sencillo, y se evitan los costes de cableado, que suelen ser elevados, debido a que, en muchos casos, requieren la concesión de licencias y la realización de obras.

Las WMN suelen proporcionar velocidades elevadas de transmisión a los usuarios que se conectan a ellas. A menudo, las WMN emplean tecnologías inalámbricas para la transmisión de datos como Wi-Fi o WiMAX. Por otra parte, los equipos fijos de las redes WMN pueden estar alimen-

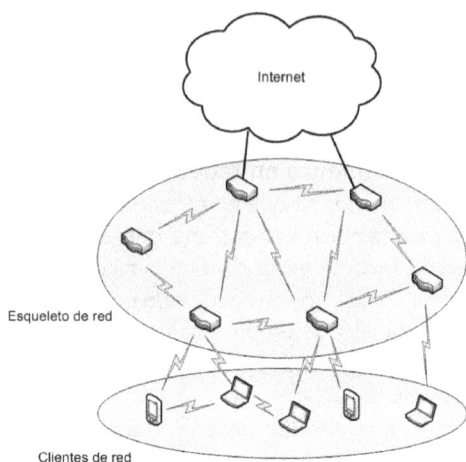

tados a través de la red eléctrica, de modo que no sufren restricciones estrictas en cuanto a consumo de energía.

Los dispositivos del núcleo de una WMN tienen la función principal de enrutar información. Por otra parte, los equipos terminales (ordenadores, PDA, etc.) de los usuarios que se conectan a la WMN pueden no disponer de tales capacidades. Finalmente, pueden existir dispositivos híbridos, que siendo equipos terminales pueden también participar en las tareas de enrutamiento. La figura 76 ilustra una posible WMN.

El enrutado de la información, que es uno de los mecanismos fundamentales en una red WMN, puede llevarse a cabo con la misma tecnología (protocolos de encaminamiento) desarrollada para las redes MANET, aunque existen protocolos optimizados para las WMN. Por otra parte, los dispositivos que actúan como enrutador suelen disponer de más de una interfaz radio: una puede servir para la comunicación con otros enrutadores y la otra se puede emplear para la comunicación con los clientes. De este modo, una comunicación no interfiere en la otra.

Redes inalámbricas de sensores (WSN)

Las redes inalámbricas de sensores, o bien WSN, son redes compuestas por un número (que puede ser elevado) de dispositivos muy sencillos, denominados *sensores*, cuya función principal es la de medir alguna magnitud o detectar algún evento de su entorno. Existe una gran variedad de sensores. Estos dispositivos pueden medir niveles de temperatura, humedad, aceleración, campo magnético, gases, humo, etc. Aparte de la circuitería que realiza estrictamente las funciones de sensado, estos dispositivos disponen de un procesador, memoria y una interfaz radio para la transmisión de información de forma inalámbrica. La figura 77 muestra algunos tipos de plataformas hardware para nodos sensores que se encuentran en el mercado.

Las WSN pueden incluir también otro tipo de dispositivos, denominados *actuadores*, cuya función principal es la de realizar acciones físicas en respuesta a algún evento. Las redes de sensores que incluyen actuadores se denominan también, en inglés, *Wireless Sensor and Actuator Networks* (WSAN).

Las redes WSN hacen posible una multitud de aplicaciones de control y monitorización para un gran abanico de entornos. Algunos ejemplos son los siguientes:

– Entornos domésticos. Un grupo de bombillas, equipadas cada una con un sensor/actuador, puede ser controlado desde un interruptor equipado con la misma tecnología, sin necesidad de que exista un cable desde el interruptor hasta esas bombillas (con el consiguiente ahorro y mayor flexibilidad en su instalación). Por otra parte, los sensores de presencia de una casa pueden detectar que ésta está vacía, mandando mensajes a las luces, las persianas automáticas y a los equipos de climatización para que actúen en consecuencia, y así evitar un consumo innecesario de energía. Finalmente, sensores de humo o de rotura de cristales pueden transmitir señales para activar medidas de seguridad y disparar señales de alarma.

– Entornos urbanos. Las ciudades pueden disponer de sensores de varios tipos, desplegados por distintas áreas, para monitorizar los niveles de polución, temperatura, presión atmosférica, etc. y detectar posibles anomalías. Por otra parte, el riego del césped de los parques se puede controlar mediante sensores de humedad. Por ejemplo, estos sensores pueden transmitir mensajes alertando de niveles bajos de humedad, para activar el riego (Fig. 78).

– Entornos industriales. Los procesos de fabricación pueden beneficiarse de la presencia de multitud de sensores (de vibración, temperatura, etc.) en las plantas, sea para monitorizar los productos que se estén

77/ Algunos ejemplos de plataformas hardware para nodos sensores: a) TelosB, b) SunSPOT, c) Mica2Dot

 a)
 b)
 c)

78/ Sensor de temperatura ubicada en un poste de luz y sensor para detectar si un contenedor de cristal reciclado está lleno. Ambos disponen de antena para la transmisión radio formando una red de sensores multisalto (foto: UPC)

fabricando o para controlar el correcto funcionamiento de los equipos implicados en el proceso de fabricación.

– Entornos rurales. Los campos pueden disponer de sensores para monitorizar las condiciones de temperatura y humedad de las plantaciones. El agricultor puede evaluar la información recogida por los sensores y actuar en consecuencia, o bien, pueden existir equipos que den una respuesta automática para cada situación para proporcionar las condiciones óptimas de cultivo (p. ej. en un invernadero).

Muchas de las aplicaciones de las WSN asumen que existe un gran número de sensores desplegados en una cierta zona. Estos sensores pueden transmitir datos hacia un dispositivo recolector, o sumidero. Para ello, las WSN se benefician de mecanismos de enrutamiento multisalto, como las MANET o las WMN. Los datos pueden ser transmitidos desde los sensores de un modo periódico (p. ej. cada diez minutos), cuando la magnitud medida excede cierto valor, o bien en respuesta a una petición mandada desde el dispositivo recolector. Sin embargo, en otras aplicaciones no existe un dispositivo recolector, sino que todos los sensores/actuadores pueden interactuar unos con otros (por ejemplo en un entorno doméstico).

7. DISPOSITIVOS DE RED: CACHARROS

La evolución de los dispositivos de red está totalmente ligada a la de las redes de telecomunicación (¿qué fue primero, el huevo o la gallina?). Los ordenadores de diez años atrás difícilmente podrían gestionar el caudal de información que es accesible hoy en día a través de Internet (intercambio de archivos, vídeos, música e imágenes de alta calidad, más intercambio de archivos, etc.). De la misma forma, sin la tecnología que ha permitido el desarrollo de conmutadores de alta velocidad, no sería posible aprovechar la capacidad de transporte de las fibras ópticas. Y en sentido contrario, la evolución de los teléfonos móviles no hubiera sido tan significativa sin la posibilidad de transmitir datos que ofrecen las tecnologías 2,5 y 3G.

En los siguientes puntos se describirán algunos aspectos básicos de los dispositivos de usuario y conmutación más comunes, cuya funcionalidad general es extensible a otros dispositivos.

7.1. Dispositivos de conmutación: Echando cables

Los dispositivos de conmutación posibilitan el transporte de los flujos de datos por las distintas redes. Ello incluye, entre otras funcionalidades, la extensión y concentración de las conexiones, la conversión de formatos e interconexión entre redes heterogéneas, o el filtrado y encaminamiento óptimo de los flujos de datos. La clasificación básica de estas funcionalidades parte de los diferentes niveles o capas del modelo de referencia OSI. Los dispositivos de capa 1 procesan los flujos de datos a nivel físico, generalmente amplificando o restaurando las señales eléctricas, ópticas o inalámbricas. Los de nivel 2 procesan información del nivel de enlace de datos (por ejemplo, las direcciones MAC en Ethernet) para gestionar el acceso a los medios compartidos. En cambio, los dispositivos de capa 3 utilizan las direcciones del nivel de red (direcciones IP en la gran mayoría de redes actuales) para encaminar los flujos de tráfico a sus destinos a través de las diferentes redes interconectadas. Por último, las capas superiores del modelo OSI también son utilizadas por algunos dispositivos para filtrar y encaminar tráficos aplicando políticas de calidad de servicio (QoS), seguridad o balanceado de carga. En este caso, los dispositivos son denominados de nivel 4, de nivel 4 a 7 o multinivel, según criterios comerciales de la empresa fabricante en cuestión.

Nivel 1 o físico: Repetidor y *hub*

En capítulos anteriores vimos conceptos de transmisión de datos como la codificación de línea, la modulación de señales o la corrección de errores, que son necesarios para que el dispositivo destino sea capaz de interpretar correctamente los datos que le llegan por la red. Lamentablemente, todos los medios físicos (los cables, el aire y, en menor medida, las fibras ópticas) deterioran y debilitan las señales según aumenta la distancia recorrida. Es por ello que son necesarios ciertos dispositivos como amplificadores de señal o los repetidores para regenerar la señal original y permitir que atraviese largas distancias.

Los primeros repetidores tenían dos únicos puertos (entrada y salida de señal), pero actualmente también existen repetidores de múltiples puertos, denominados *hubs* o concentradores. Éstos, aparte de regenerar la señal, forman un punto de conexión de diferentes dispositivos en una misma red. De esta forma, varios ordenadores pueden comunicarse entre ellos sin necesidad de estar conectados con un cable dedicado. Habitualmente se utilizan en redes LAN Ethernet y el funcionamiento básico se ejemplifica en la figura **79**: reciben datos por un determinado puerto, los copian y los reenvían por el resto de puertos. En las redes WLAN, los dispositivos denominados puntos de acceso también pueden realizar esta función.

Los *hubs* simplemente reenvían todos los datos de entrada por el resto de puertos de salida. El reenvío se realiza a nivel físico, por lo que no interpretan ni procesan los datos. Esta forma de transmisión es muy sencilla (algún camino nos llevará a Roma…), pero salta a la vista que no es la más inteligente. Por un lado, todos los dispositivos con un enlace conectado al *hub* recibirán los datos aunque no vayan dirigidos a ellos, lo cual significa un gasto de procesado inútil (como cuando abrimos el buzón para encontrar una carta que no está dirigida a nosotros). Además,

79/ Ejemplo de uso
de hubs

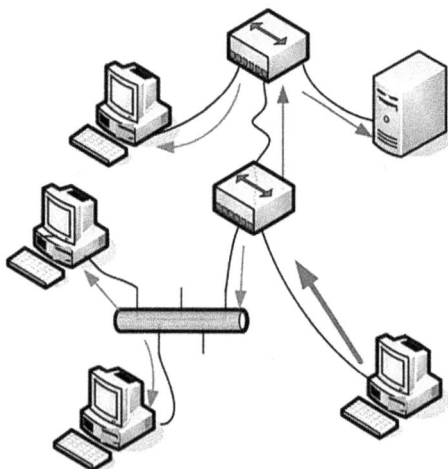

para evitar colisiones de paquetes, cuando un dispositivo transmite, el resto debe permanecer a la espera (según sea el mecanismo de acceso al medio en concreto). Esta situación se denomina *dominio de colisión compartido* y se puede comparar con una carretera de un solo carril, a la que intentan acceder varios coches a la vez. Los dispositivos (coches) que quieren transmitir (acceder) compiten por este medio compartido (el carril), por lo que ninguno puede disponer de todo el ancho de banda del medio físico para él sólo (tienen que esperar en un STOP a que pasen el resto de coches si no quieren colisionar). ¡Y lo peor de todo es que en ocasiones el carril estará ocupado por coches que ni siquiera van en la buena dirección!

Nivel 2 o de enlace: Puente o *bridge* y conmutador o *switch*

Para combatir las anteriores ineficiencias, se utilizan los denominados *bridges* (puentes) o *switches* (conmutadores). Estos dispositivos tienen una mayor inteligencia y pueden filtrar el tráfico según la información de nivel 2 (enlace de datos). Por ejemplo, las direcciones MAC en redes locales. Ambos tienen el mismo funcionamiento básico:

– Según reciben el tráfico por los diferentes puertos de entrada/salida, crean tablas internas donde apuntan qué dispositivo está conectado a cada puerto. Los dispositivos son identificados por la dirección origen de nivel 2 que se transporta en la cabecera de los paquetes transmitidos

– Cuando reciben un paquete con una determinada dirección destino de nivel 2 en su cabecera (recordemos que éstas identifican a cada dispositivo de forma única), buscan en las tablas si conocen el puerto al que está conectado. Si lo conocen, envían el paquete tan sólo por ese puerto. En caso contrario, lo reenvían por todos los puertos como haría un repetidor (difusión).

– En el caso de que el puerto de salida a utilizar esté ocupado, el conmutador pone los paquetes en una cola. Ello añade un retardo adicional en la transmisión de los paquetes, que es de poca importancia, excepto en casos de alta congestión.

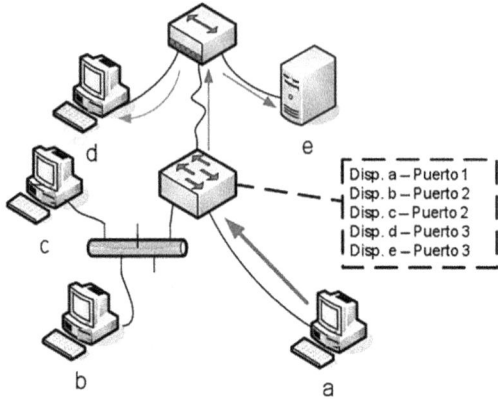

81/ Ejemplo de uso de un conmutador (inferior) y un repetidor (superior)

```
Disp. a – Puerto 1
Disp. b – Puerto 2
Disp. c – Puerto 2
Disp. d – Puerto 3
Disp. e – Puerto 3
```

De esta forma, como muestra la figura **81**, el dominio de colisión se reduce respecto al uso de un repetidor, ya que tan sólo reciben paquetes los dispositivos conectados al segmento de red del dispositivo destino. Por lo tanto, los segmentos de red no utilizados en esa transmisión (conectados a otros puertos) se pueden utilizar de forma simultánea sin riesgo de colisión. En este caso, la comparación sería con una carretera de varias entradas y salidas, donde las esperas tan sólo son debidas a los coches que utilizan la misma salida para llegar a su destino (¡con posibles caravanas si todos van a la misma playa!). Eso sí, para poder llegar al destino, cada conmutador necesita un cartel que le indique el carril a seguir para cada dirección destino única.

Por lo tanto, gracias a los conmutadores, tenemos un ancho de banda particular para cada segmento de red conectado a un puerto diferente.

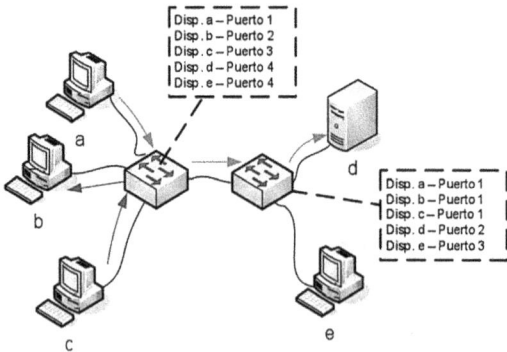

82/ Microsegmentación en redes LAN Ethernet

```
Disp. a – Puerto 1
Disp. b – Puerto 2
Disp. c – Puerto 3
Disp. d – Puerto 4
Disp. e – Puerto 4
```

```
Disp. a – Puerto 1
Disp. b – Puerto 1
Disp. c – Puerto 1
Disp. d – Puerto 2
Disp. e – Puerto 3
```

Para minimizar aún más la probabilidad de una colisión y aprovechando los múltiples puertos que ofrecen los conmutadores modernos, se utiliza el concepto de microsegmentación, ejemplificado en la figura 82. Ello supone que cada puerto da servicio a un único dispositivo individual, por lo que éste puede disponer de todo el ancho de banda que le ofrezca el medio utilizado (aunque es posible que tenga que esperar en el *switch* si hay cola para algún destino). Si además se combina con cableado *full-duplex*, mediante el cual un dispositivo puede recibir y transmitir a la vez sin riesgo de colisión (carretera de doble sentido), se consigue disponer de todo el ancho de banda en ambos sentidos. La combinación de estas tecnologías ha sido clave en el éxito de las LAN Ethernet en entornos de trabajo o campus universitarios. Cabe destacar que aunque nos hayamos basado en redes locales para explicar su funcionamiento general, en las redes troncales también se utilizan conmutadores de nivel 2, aunque no basados en direcciones MAC, como es el caso de la conmutación de circuitos virtuales de ATM.

Finalmente, cabe plantearse por qué existen dos denominaciones para un mismo dispositivo. Se trata de una cuestión puramente comercial. Los primeros puentes aparecieron a partir de 1980 y conmutaban los paquetes a partir de software específico, resultando bastante lentos. A principio de los 90, principalmente gracias a la utilización de los Circuitos Integrados para Aplicaciones Específicas (ASIC en siglas inglesas), fue posible desarrollar las funciones de un puente a nivel hardware. Ello posibilitó la aparición de puentes con capacidad de atender varios puertos simultáneamente y que permitían conmutar paquetes a velocidad de línea (10 Mbps, 100 Mbps, etc.). Para diferenciar estos nuevos dispositivos avanzados de los anteriores puentes más lentos, las empresas fabricantes acuñaron el término *switch*.

Con el paso de los años, la evolución de las ASIC ha permitido integrar en el nivel hardware cada vez más funcionalidades que se realizaban anteriormente en software, dando lugar a dispositivos de mayor velocidad de procesado. Ello ha supuesto que aparezcan conmutadores de nivel 3 y multinivel, cuya denominación como conmutadores ha permanecido a pesar de no funcionar ya estrictamente como tales. De nuevo, el planteamiento de los fabricantes es diferenciarlos de los *routers*, ya que éstos funcionan mayoritariamente por software y son percibidos en general como más lentos y costosos.

84/ Ejemplo de red jerarquizada con routers

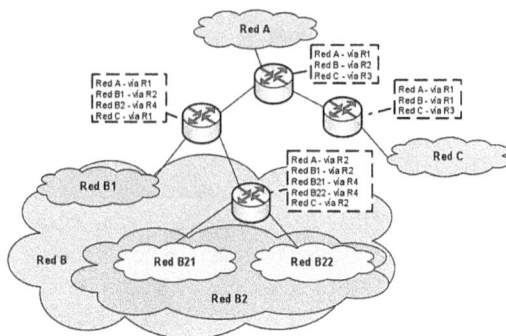

85/ Ejemplo de ruta
desde un ordenador si-
tuado en la Universidad
Politécnica de Catalunya
hasta www.google.com

#	Hop Name	Location	Network
1	gigacorh-routing.upc.es	(Spain)	Universitat Politècnica de Catalunya
2			[Local Network]
3			[Local Network]
4	anella-upc.cesca.cat	(Spain)	Anella Científica customer pointopoint networks
5	GE0-1-0-80.EB-Barcelona0.red.redins.es	Barcelona, Spain	RedIRIS
6	CAT.XE6-0-0.EB-IRIS2.red.rediris.es	(Spain)	RedIRIS
7		Phoenix, AZ, USA	Global Crossing
8	te2-3-10G.ar3.CDG2.gblx.net	Paris, France	Global Crossing
9		Mountain View, USA	Google Inc.
10		Mountain View, USA	Google Inc.
11		Mountain View, USA	Google Inc.
12		Mountain View, USA	Google Inc.
13		Mountain View, USA	Google Inc.
14	wy-in-f99.google.com	Mountain View, California, USA	Google Inc.

85/ Ejemplo de ruta desde un ordenador situado en la Universidad Politécnica de Catalunya hasta www.google.com

86/ Algunos routers comerciales

Nivel 3 o de red: *Router* y *switch* L3

En anteriores capítulos se ha introducido el protocolo IP como la base de la actual Internet. Las direcciones IP posibilitan la formación de redes lógicas, agrupando dispositivos que no tienen porqué estar en el mismo medio físico, aunque sí que guardan generalmente una cierta relación geográfica debido al uso de un ISP del mismo ámbito regional, y permitiendo dividir jerárquicamente las redes en diferentes subredes. Esto facilita en gran medida el transporte de los paquetes, puesto que los dispositivos *routers* no necesitan tener en sus tablas una ruta para cada una de las direcciones individuales de cada dispositivo destino, tan sólo una ruta para la subred a la que pertenecen. Ello implica que los *routers* se hayan convertido en el *backbone* o red troncal de Internet, mientras que los conmutadores de nivel 2 son generalmente utilizados para crear enlaces de gran capacidad entre estos *routers*.

Siguiendo con el símil automovilístico, los *routers* se diferencian de los conmutadores de nivel 2 en que no siempre necesitan un cartel con la ruta de cada destino exacto, sino que les basta conocer de qué forma irse acercando. Así, el primer *router* le indicará la autopista para llegar hasta el país; el siguiente le guiará hasta la provincia; a continuación se acercará hasta la ciudad; y finalmente el último *router* le llevará hasta el barrio. Y una vez en el barrio, un conmutador puede utilizarse para llevarle hasta el destino concreto. Para obtener una idea rápida de los beneficios de esta solución, basta imaginar lo complicado que sería conducir en una autopista donde en cada salida los carteles indicasen absolutamente todos los destinos concretos a los que se puede llegar por esa dirección. En definitiva, mediante el uso de conmutadores pasamos de un encaminamiento basado en dispositivos concretos (nivel 2) a uno basado en redes de dispositivos (nivel 3), lo que resulta mucho más escalable.

Los *routers* aprenden las rutas de forma automatizada mediante el uso de protocolos de encaminamiento. Básicamente, se advierten entre ellos de las redes a las que saben acceder. De esta forma, cada *router* crea tablas de rutas, donde indican que para llegar a determinada red debe dirigirse al siguiente *router* que conoce cómo llegar hasta ésta.

Otro aspecto interesante del encaminamiento de nivel 3 es que permite crear rutas óptimas en base a diferentes criterios (mejor calidad, menor número de *routers* atravesados, menor congestión, etc.), así como tener múltiples rutas a un mismo destino. Así pues, ahora disponemos de un navegador en el coche que nos permite escoger la ruta con menos kilómetros, la más rápida, la más barata, etc. En el caso de la red troncal de Internet, los criterios para crear las rutas se basan generalmente en acuerdos comerciales de interconexión entre los diferentes sistemas autónomos.

Nivel 4 y multicapa: *Router* y conmutador L4-L7 o multinivel

La conmutación de nivel 4 (transporte) y superior (aplicación) no se trata de una conmutación en el sentido estricto de la palabra, ya que estos niveles no tienen direccionamiento. El objetivo es utilizar información relativa a estas capas, por ejemplo los puertos origen y destino de TCP/IP o el tipo de aplicación, para aplicar diferentes criterios en el filtrado y conmutación de paquetes, basados por ejemplo en QoS o balanceado de carga. Otra funcionalidad que puede ser considerada a este nivel es la de Firewall, donde se examina cada paquete (por ejemplo, en base a las direcciones o los puertos) para determinar si puede enviarlo o no a su destino.

Un ejemplo de uso de conmutador L4-L7 se da en los clústeres de servidores (en lugar de tener un solo servidor muy potente se tienen muchos iguales y más pequeños, pero el usuario lo ve cómo si hubiera uno solo). El usuario que accede a un determinado servicio es encaminado por el conmutador multinivel a un determinado servidor del clúster según las condiciones de carga del resto. El conmutador además aplica NAT (*Network Address Translation*) para que el clúster sea transparente al usuario y aparezca como un único servidor. Como el conmutador monitoriza la comunicación cliente-servidor durante toda su duración, este tipo de funcionamiento también es conocido como conmutación de sesión.

Centrales de conmutación

En las centrales de conmutación se sitúa el equipo encargado de conmutar el tráfico proveniente de la red de acceso (clientes) hacia la red troncal del ISP (y viceversa). Los dispositivos concretos en la central dependen de la tecnología de acceso utilizada, pero el funcionamiento básico es similar: los datos provenientes de los usuarios se encapsulan, se multiplexan en tiempo o frecuencia, y se conmutan hacia la red troncal del ISP donde se encaminan a su destino a través de Internet.

El ejemplo más básico de central de conmutación se da en las centrales telefónicas, donde se conectan las llamadas directamente, si se trata de dos usuarios conectados a la misma central, o a través de la RTPC (Red Telefónica Pública Conmutada), si se trata de usuarios en centrales diferentes. Originalmente la conmutación se realizaba de forma manual mediante operadoras, aunque en la actualidad se realiza de forma digital mediante ordenadores.

88/ Amplificador EDFA:
a) Ganancia por frecuencia
b) EDFA comercial

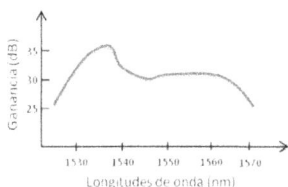

Dispositivos ópticos

Las señales que se propagan por las fibras ópticas sufren una atenuación menor que por el cable o el aire, por lo que resultan idóneas para recorrer largas distancias (unos cientos de kilómetros) sin necesidad de repetidores. Sin embargo, existen por ejemplo fibras que unen Londres con Nueva York a través del Atlántico (5600 km), por lo que sigue siendo necesario el uso de amplificadores y regeneradores. Algunas soluciones se basan en la conversión eléctrica de los haces láser, de forma que se puedan procesar los datos y regenerar las señales para después volverlas a transmitir ópticamente. Este proceso es costoso, ya que añade a los datos un retardo adicional debido al procesado óptico/eléctrico/óptico de la señal. A mediados de 1990 comenzaron a utilizarse de forma común los amplificadores de fibra dopada con Erbio (EDFA en siglas inglesas), los cuales funcionan totalmente en el dominio óptico. Básicamente, estos amplificadores combinan el haz de láser de entrada con un bombeo láser adicional, el cual «transfiere» su energía al haz de láser original sin modificarlo y de forma casi instantánea.

Sin embargo, a parte de la atenuación, existen otros efectos negativos derivados de la transmisión de pulsos láser a través de las fibras ópticas. Es el caso de la dispersión cromática, que provoca que bits transmitidos consecutivamente (pulsos «0» o «1») se deformen y se acaben solapando entre ellos, provocando errores en la recepción de datos, como muestra la figura 89. Este fenómeno no lo solucionan los EDFA, por lo que resultan necesarios nuevos dispositivos ópticos. Es por ello que en muchas ocasiones se acaban utilizando regeneradores óptico/eléctrico/óptico para solventar a la vez las problemáticas de atenuación y dispersión.

En comparación con los dispositivos electrónicos vistos hasta el momento, podríamos afirmar que actualmente la conmutación óptica tan sólo trabaja en el nivel físico (haces láser). Así, los conmutadores o *switches* ópticos de las redes troncales son simplemente dispositivos que multiplexan diferentes flujos de datos de entrada, en tiempo (SONET) o en frecuencia (WDM), creando un flujo de datos de gran capacidad a la salida. A estos dispositivos se les denomina *Add-Drop Multiplexer* (ADM) y

tiempo　　　　　tiempo　　　　　tiempo

89/ Dispersión cromática

Optical Add-Drop Multiplexer (OADM) respectivamente, donde el término «*Add-Drop*» se refiere a la cualidad de añadir o quitar diferentes flujos de datos del flujo principal y encaminarlos por otro camino o circuito (otra fibra óptica).

Debido a las grandes prestaciones de las fibras ópticas, se está trabajando en tecnologías de conmutación de ráfagas (*Optical Burst Switching*) y paquetes (*Optical Packet Switching*) para adecuarlas al funcionamiento basado en paquetes de la actual Internet. De esta forma se podrían tener *switches* y *routers* ópticos que encaminaran los paquetes individualmente a partir de sus cabeceras, en lugar del encaminamiento basado en circuitos y flujos multiplexados actual. Aunque existen algunas propuestas al respecto, se encuentran con diversas dificultades. Por ejemplo, dado que los datos no se pueden procesar ópticamente, las cabeceras deben convertirse al dominio eléctrico para así poder tomar las decisiones de encaminamiento siguiendo los principios explicados anteriormente para los *switches* y *routers* eléctricos. Otra problemática estriba en el almacenamiento de los datos ópticos, por ejemplo mientras se procesan las cabeceras o en el caso de que un puerto de salida esté ocupado. Dado que no existe la memoria RAM óptica ni mecanismos para «congelar» los haces láser (o si existen, aún no son aplicables en las telecomunicaciones), algunos prototipos utilizan líneas de retardo. Estas son básicamente bobinas de fibras ópticas por las que se envían los datos a modo de ro-

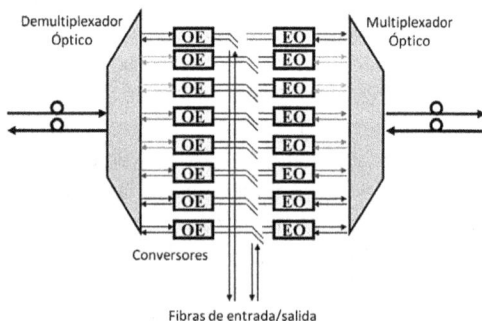

90/ Optical Add-Drop Multiplexer

Demultiplexador Óptico

OE

EO

Multiplexador Óptico

Conversores

Fibras de entrada/salida

deo para «hacer tiempo» hasta que puedan encaminarse. En todo caso, aunque estas tecnologías están aún en desarrollo, todo apunta a que serán claves en la red troncal de la futura Internet.

7.2. Dispositivos de usuario: De la mochila a la palma de la mano

Denominamos *dispositivos de usuario* a aquellos que generan o reciben datos. Son tan diversos como los propios usos que se les dan: desde clústeres de servidores hasta sensores de área corporal, pasando por un amplio abanico de teléfonos móviles, PDA, ordenadores portátiles, dispositivos Bluetooth, etc. A continuación introduciremos algunas generalidades de algunos de los dispositivos más habituales.

Servidores

Un servidor es una máquina que ofrece un determinado servicio a dispositivos clientes (ordenadores, PDA, ..). Los tipos de servidores son tan variados como sus aplicaciones: acceso a páginas web, correo electrónico, distribución y almacenaje de archivos y copias de seguridad (*backups*), de acceso remoto a recursos, de autentificación, autorización y contabilidad (AAA en siglas inglesas), de caché, servidores con funciones de proxy, servidores multimedia, etc.

En cuanto al software, los servidores están provistos de sistemas operativos especialmente indicados para esta tarea: Unix (Linux, BSD, Solaris…), Microsoft Windows Server, Novell Netware, etc. En cuanto al hardware, un servidor puede ser desde un ordenador normal hasta una máquina dedicada con varios procesadores y discos duros. No deben ser necesariamente muy potentes; cuando un determinado servicio requiere

91/ Supercomputador
Mare Nostrum ubicado
en la UPC

grandes prestaciones (muchos clientes simultáneos, servicios con un gran gasto de recursos, etc.), la solución pasa por utilizar clústeres de servidores, que agrupan multitud de máquinas (decenas, centenares o miles) y que se comportan virtualmente como un único servidor. Se consigue así una gran capacidad de procesado y almacenamiento conjunta; además, si algún servidor individual falla, no afecta al servicio. Los clústeres se alojan en centros de datos, salas especialmente acondicionadas (refrigeración, alimentación eléctrica de seguridad, etc.) y con salida a Internet a través de una red de gran ancho de banda. Por ejemplo, según datos de 2006 cada clúster de Google se componía de 31.654 servidores, que sumaban 63.184 CPU, 126.368 GHz de potencia de procesamiento, 63.184 Gigabytes de RAM y 2.527 Terabytes de espacio en disco duro. O en términos de servicio, la capacidad para atender hasta 40 millones de búsquedas por día.

Lógicamente, no todo aquel que ofrece un servicio, como una página web, debe tener un servidor en su casa o en la empresa. Para ello existen numerosas empresas de alojamiento que permiten utilizar sus servidores según un acuerdo específico: alojamientos gratuitos, alquiler de servidores compartidos o dedicados, o incluso la colocación de un servidor propio en un centro de datos externo.

Ordenadores personales y portátiles

El ordenador personal es clave en el éxito de Internet, dado que es el dispositivo más utilizado para acceder a sus contenidos. Comercialmente, los primeros PC de tamaño reducido (para la época) comenzaron a abrirse hueco en empresas y algunos hogares a finales de 1970 gracias al Apple II y el IMB PC (que popularizó el término PC). Lógicamente, sus prestaciones eran irrisorias comparadas con las que tenemos actualmente: procesadores de pocos Megahercios, memorias RAM de decenas de Kilobytes y discos duros de pocos Megabytes.

La gran evolución de los ordenadores vino de la mano de la cada vez mayor miniaturización de los transistores de silicio. Así, agrupando más

92/ IBM PC (1981) y portátil Asus EEE PC (2007)

Número de transistores por chip
(escala logarítmica)

10.000.000.000

1.000.000.000

Dual Core Intel® Itanium® 2

Intel® Itanium® 2
Intel® Pentium® 4
Intel® Pentium® III

100.000.000

Intel® Pentium® II

10.000.000

Intel® Pentium®

Intel 486™

1.000.000

Intel 386™

286

100.000

8086

10.000

8080
8008
4004

1.000

1970   1975   1980   1985   1990   1995   2000   2005   2010

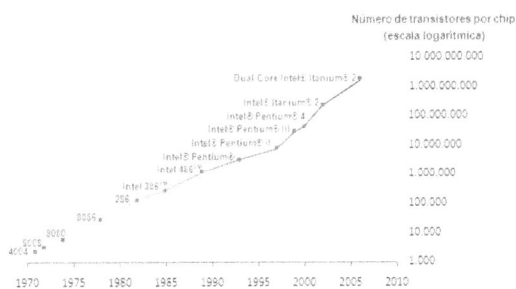

y más transistores en un mismo circuito integrado, se aumenta exponencialmente la velocidad de los procesadores. Esta evolución la predijo Gordon Moore, cofundador de Intel, en 1965, indicando que cada dos años se doblaría el número de transistores en un chip (ley de Moore). Y, ciertamente, su ley se ha cumplido casi a rajatabla, como muestra la fig. 93. Sin embargo, en la actualidad se intuye su final, ya que los transistores comienzan a acercarse al tamaño del átomo de silicio (¡no se puede formar nada con silicio que sea más pequeño que su propio átomo!). Lógicamente, ya se están investigando nuevas tecnologías para no detener esta evolución.

La miniaturización general de los componentes de un PC también fue clave para el éxito de los ordenadores portátiles (¡por suerte para nuestras espaldas!). La tendencia es la fabricación de portátiles de cada vez menor tamaño, peso y consumo (miniportátiles), sin que se vean disminuidas las prestaciones. Actualmente las ventas de portátiles ya superan las de los ordenadores de sobremesa, en parte debido al éxito de las tecnologías de acceso inalámbrico, principalmente Wi-Fi. De esta forma podemos acceder a Internet desde casi cualquier lugar: campus universitarios, hoteles, aeropuertos, ciudades con red municipal …

PDA y teléfonos móviles

Las PDA (siglas inglesas de *Personal Digital Assistant*) son consideradas pequeños ordenadores de bolsillo. Inicialmente eran básicamente agendas electrónicas, con funcionalidades de calendario, blog de notas, agenda de contactos y pantalla táctil con reconocimiento de escritura. Su popularización se acrecentó con la aparición de los sistemas operativos Palm OS y Microsoft Windows Mobile. Actualmente ofrecen también conectividad mediante diferentes tecnologías como Bluetooth, Wi-Fi, GPS o telefonía móvil. Esto último hace que se haya acuñado la denominación *smartphones* para este tipo de dispositivos.

94/ Antiguos modelos de teléfonos móviles

95/ Diferentes modelos de teléfonos móviles y smartphones en la actualidad

Y si las PDA han evolucionado hacia los teléfonos móviles, éstos han hecho el camino contrario, convirtiéndose en pequeños ordenadores con sistemas operativos (Symbian, Microsoft Mobile, Linux, Android, etc.) y software propio. Si empezamos con móviles «tamaño mochila», pasamos a los de «tamaño ladrillo» *(¿Eso que llevas en el bolsillo es un móvil o es que te alegras de verme?)* y acabamos en los extraplanos, ahora volvemos a ver aumentado el tamaño de los móviles debido a pantallas de mayores dimensiones, teclados QWERTY y funcionalidades propias de otros dispositivos: reproductor de música, sintonizador de radio, cámara de fotos y vídeo, GPS, videojuegos, etc. *(Mi móvil tiene sonido envolvente, proyector 3D y si lo pierdo vuelve solo a casa. Vale, ¿pero hace llamadas?)*. La evolución de los terminales móviles es tan veloz que modelos de apenas un par de años pueden parecer ya prehistóricos.

Ciertamente, gracias a los servicios de datos que proporcionan las tecnologías 2.5/3G o Wi-Fi, las posibilidades de comunicación actuales se han multiplicado más allá de las llamadas telefónicas o el envío de SMS (¡aunque el envío de estos pequeños mensajes de 140 bytes siguen dando grandes beneficios a las compañías telefónicas!). En consecuencia, han aparecido nuevas aplicaciones para los teléfonos móviles: navegación Web, *podcasting*, videollamadas, televisión, comunicación con redes sociales (Twitter, Facebook…), etc. A medida que las tarifas de datos 3G se vayan abaratando aparecerán más y más servicios de Internet orientados a los teléfonos móviles. Por suerte, en la actualidad estas tarifas ya son algo más baratas que las de envío de SMS, porque

de lo contrario nos tocaría pagar unos cuantos miles de euros por bajar
una canción en mp3...

Sensores

Y si los teléfonos móviles ponen las comunicaciones al alcance de la mano,
los sensores dan un paso más allá y las acercan a las cosas. En anteriores
capítulos ya se han introducido el tipo de redes que forman y sus posibles
aplicaciones. Se trata de dispositivos muy sencillos, de tamaño reducido
(según el tamaño de la fuente de alimentación) y con capacidad para comunicarse inalámbricamente mediante tecnologías como IEEE 802.15.4
formando redes. Por ejemplo, la familia TelosB de Crossbow Technology
tiene un tamaño de 65×31×6 mm y dispone de un microprocesador
de 8 Mhz, una memoria RAM de 10 Kbytes. Puede alcanzar velocidades
de transmisión de datos de 250 Kbits y tan sólo consume 18 mA (se
alimenta con dos pilas tipo AA). Otros sensores, como los Mica2Dot son
alimentados por pilas tipo botón, disminuyendo así su tamaño.

Según las aplicaciones a las que den servicio, los dispositivos sensores
incorporan típicamente sensores (valga la redundancia) para realizar medidas ambientales (temperatura, humedad, luminosidad, etc.) o relativas
al movimiento (acelerómetros). Mediante tecnologías como UWB (Ultra
Wide Band), también se posibilitan medidas de localización espacial con
una precisión del orden de los centímetros.

Las pocas prestaciones de los sensores y el tipo de alimentación son
sin embargo una de sus mayores desventajas. Es por ello que incorporan
sistemas operativos específicos, por ejemplo TinyOS, diseñados específi-
camente para minimizar el consumo de batería de los diferentes procesos del sistema. El objetivo es minimizar de tal forma el consumo que sea
posible que los sensores se autoalimenten utilizando células solares o el
movimiento de quien porte el sensor. Actualmente, un sensor alimentado
por pilas AA puede aguantar desde algunos meses hasta un año. ¡Pero
mejor no estar en la piel del que tenga que cambiar las pilas a miles de
sensores distribuidos por un bosque!

4

APLICACIONES EN INTERNET: LOS MIL Y UN PROGRAMAS

¿Qué es una aplicación? Esta pregunta sería rápidamente contestada por la gran mayoría de personas como «software». Pero ¿qué es el software? ¿A todo el software se le puede llamar «aplicación»?

Una aplicación es un tipo de software que realiza alguna función que el usuario desea realizar. Hay otros tipos de software que no son aplicaciones, como *firmware* (programas para manejar hardware), sistemas operativos o *testware* (programas para realizar tests), entre otros.

Una aplicación, como cualquier tipo de software, está formada por uno o más programas escritos en algún lenguaje de programación. Un programa simplemente es una secuencia de instrucciones que determinarán el comportamiento de la aplicación cuando se ejecute.

97/ Componentes de una aplicación

En la figura **97** podemos ver los componentes que forman parte de una aplicación. La parte visible de una aplicación es conocida como *interfaz de usuario*, mediante la cual el usuario interacciona con la aplicación insertando y recibiendo información de la misma. Las interfaces más conocidas son las interfaces gráficas, aunque existen otras muchas como las táctiles, las interfaces de línea de comandos o las interfaces de voz. La función de la interfaz de usuario es recoger los datos que el usuario le proporciona y enviárselos a la aplicación, y al revés mostrar los resultados que genera al usuario. Cuando la aplicación se ejecuta es conocida como proceso. Por tanto, un proceso es una serie de acciones que están determinadas por las instrucciones de un programa de aplicación. El proceso se ejecuta sobre el sistema operativo del ordenador, el cual actúa como intermediario entre el hardware del ordenador y las aplicaciones. En pocas palabras, el sistema operativo es el software que entiende los detalles de la operación de los componentes hardware del ordenador. De esta forma, el sistema operativo aísla a las aplicaciones del hardware del ordenador y hace que el desarrollo de éstas sea mucho más sencillo.

Las aplicaciones pueden ser clasificadas según varios criterios:

Infraestructura de red

El hecho de que interaccionemos con solo un ordenador cuando utilizamos una aplicación no significa que la aplicación se esté ejecutando en ese ordenador. Ciertamente, hay muchas aplicaciones que se ejecutan en un solo ordenador y no necesitan comunicarse con ninguna otra aplicación externa. Sin embargo, otras aplicaciones, conocidas como *aplicaciones de red*, llevan a cabo su tarea gracias a la colaboración de diversos

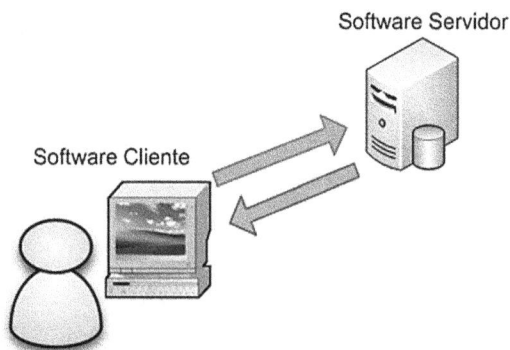

98/ Modelo cliente-servidor

Software Servidor

Software Cliente

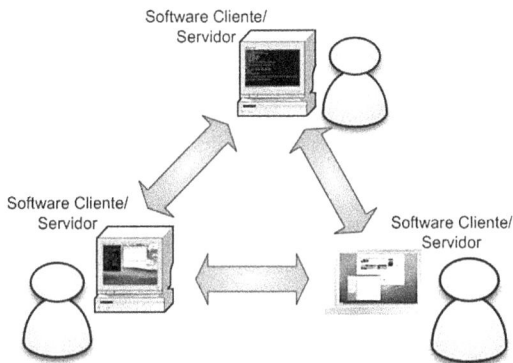

Software Cliente/Servidor

Software Cliente/Servidor

Software Cliente/Servidor

procesos que se están ejecutando en ordenadores remotos. El modelo más sencillo es el cliente-servidor (Fig. 98), en el que la aplicación está dividida en dos partes, una parte cliente y una parte servidora. La parte cliente será la encargada de interaccionar con el usuario y comunicarse con la parte servidora para realizar todas o parte de las funciones necesarias.

En este modelo, el servidor es un punto centralizado que puede recibir peticiones de múltiples clientes. Cuando el número de clientes simultáneos es elevado, el ordenador servidor puede llegar a saturarse y consumir todos sus recursos procesando todas las peticiones. Para evitar este problema nacieron las redes *peer-to-peer* o P2P (término traducido al español como redes de pares o redes entre iguales), en las cuales no hay clientes ni servidores fijos (Fig. 99). En una aplicación *peer-to-peer* la función a realizar se lleva a cabo por múltiples ordenadores que actúan como clientes y servidores a la vez. Típicos ejemplos de aplicaciones *peer-to-peer* son los sistemas de telefonía por Internet, intercambio de ficheros o sistemas de ficheros distribuidos.

Las aplicaciones *peer-to-peer* se basan en un modelo de colaboración, en el que las tareas de las aplicaciones de todos los usuarios se distribuyen por todos los ordenadores de la red *peer-to-peer*.

Restricciones de tiempo

Cuando el correcto funcionamiento de una aplicación no sólo depende de que la lógica e implementación de los programas sea correcta, sino que también depende del tiempo de entrega de los resultados, decimos que dicha aplicación tiene restricciones de tiempo. Dependiendo de lo crítico que resulte el tiempo de respuesta, las aplicaciones con restricciones de tiempo se dividen en dos tipos: aplicaciones de tiempo real y aplicaciones de casi tiempo real.

En las aplicaciones de tiempo real, si los datos llegan más tarde de un tiempo de respuesta máximo se consideran incorrectos y por tanto son descartados. Por el contrario, las aplicaciones de casi tiempo real toleran cierto retraso con respecto al tiempo máximo de respuesta y podrían no descartar un resultado, sino utilizarlo asumiendo cierta degradación en su calidad.

Función

Las aplicaciones pueden ser clasificadas según la tarea a la que están destinadas. Sin embargo, esta clasificación es complicada y difusa, puesto que la gran mayoría de aplicaciones realizan diversos tipos de funciones a la vez. Podríamos clasificarlas en dos grandes grupos, como aplicaciones de trabajo y aplicaciones lúdicas. Ejemplos de las primeras serían los procesadores de texto, el email o las aplicaciones de gestión de empresas, mientras que como aplicaciones de entretenimiento podríamos citar las redes sociales, la mensajería instantánea y los juegos en línea. Sin embargo, esta clasificación tampoco es muy acertada, ya que hay aplicaciones que son usadas tanto en ámbitos laborales como sociales, tales como la mensajería instantánea, las videoconferencias o el email. Aunque la mayoría de aplicaciones no pueden ser clasificadas en un único grupo, damos algunos ejemplos de tipos de aplicaciones típico:

- Acceso a contenidos (transferencia de ficheros, navegadores web, páginas web, bases de datos)
- Comunicaciones (mensajería instantánea, Voz sobre IP, redes sociales).
- Educativas (libros digitales, herramientas de evaluación en línea)
- Desarrollo de media (animación, editores de música/vídeo)
- Empresarial (gestores de documentos, de recursos humanos o finanzas)
- Ingeniería software (editor de programas, compiladores de lenguajes de programación)

A continuación se realiza una descripción de aquellas aplicaciones o servicios que son más populares en Internet, a día de hoy, y de algunas otras que pueden serlo en pocos años.

1. TRANSFERENCIA DE FICHEROS: EL TREN DE LA MINA

La transferencia de ficheros es uno de los servicios básicos; existen desde los inicios de la comunicación de redes en los años 70. Su finalidad principal es el envío y la recepción de información entre dos máquinas a través de una red; por ejemplo, un usuario podría utilizarlo para pasarse ficheros entre el ordenador de casa y su portátil, conectados a través de la Wi-Fi, o para descargar datos del PC del trabajo hacia el ordenador de casa a través de Internet.

El funcionamiento de las aplicaciones de transferencias de ficheros es bastante sencillo; se basa en la comunicación entre una aplicación cliente (el software que utiliza el usuario) y una aplicación servidora (que se ejecuta en la máquina donde está o se quiere guardar la información). En general, cuando nos referimos a la transferencia de ficheros, hablamos de aplicaciones que siguen un protocolo denominado FTP (*File Transfer Protocol* o Protocolo de Transferencia de Ficheros). Este protocolo define cómo tiene que llevarse a cabo la comunicación entre el cliente y el servidor. Básicamente, tal como se muestra en la figura, existen dos conexiones TCP/IP (o tubos por los que se transfiere la información) bidireccionales e independientes: una para transmitir órdenes o comandos (por ejemplo, un «get fichero.txt» indicaría que queremos descargar el fichero «fichero. txt» a nuestro ordenador) y la otra para la transferencia de los datos útiles (es decir, el propio fichero). Cabe destacar que las aplicaciones FTP sólo se ocupan de la transferencia de la información, ¡no la interpretan!; es decir, permiten enviar o recibir cualquier tipo de ficheros o datos, pero para poder visualizar la información recibida será necesario tener la aplicación pertinente: por ejemplo, si se descarga una canción, ésta no podrá escucharse remotamente antes de la descarga; además, una vez descargada se precisará de un software reproductor de música para abrir el fichero.

La idea de poder compartir ficheros entre distintas máquinas es realmente útil, ya que permite acceder a información de ordenadores independientemente de su ubicación física. Sin embargo, también supone una puerta de entrada para usuarios maliciosos que quieran atacar esos ordenadores. Con la finalidad de poder autentificar a los usuarios y dar acceso

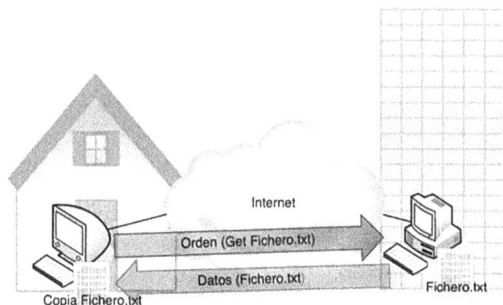

100/ Ejemplo de transferecia FTP. Compartición de ficheros entre el ordenador de casa y el del trabajo

únicamente a las personas autorizadas, los servidores FTP solicitan un nombre de usuario y una contraseña. Algunos servidores (por ejemplo, los que permiten la descarga de software libre como algunas distribuciones de Linux) permiten un acceso anónimo y limitado a sus contenidos (por ejemplo, sólo dejan hacer descargas, pero no añadir nuevos ficheros); no obstante, en la mayoría de los casos ésta no es una práctica recomendable. De hecho, aunque se limite el número de usuarios mediante un nombre de usuario y una contraseña, sigue existiendo un problema de seguridad, ya que esta información viaja «en claro» por la red; es decir, que alguien que esté espiando la comunicación podría averiguar los datos necesarios (la identidad de un usuario y su contraseña) para entrar en el ordenador y aprovechar un posible agujero de seguridad para hacerse con el control de la máquina. Por este motivo, existen aplicaciones FTP seguras (por ejemplo, el software WinSCP), donde la información va cifrada.

Si el protocolo FTP ha sobrevivido durante tantos años es por dos razones fundamentales:

- Es un método de transmisión eficiente para ficheros grandes (por ejemplo, CD de datos). Es decir, el tiempo de descarga del fichero es prácticamente el tiempo que se tarda en trasmitir la información teniendo en cuenta la capacidad (velocidad) de la red a la que estamos conectados.

- Es fiable. Las conexiones TCP que utiliza aseguran que se recuperará la información perdida o errónea y que el fichero llegará íntegro a su destino.

Aún así, las aplicaciones FTP han ido evolucionando en todo este tiempo. En un principio, el usuario escribía las ordenes en una consola/pantalla de texto; por lo que era necesario conocer exactamente qué comandos se necesitaban para transferir la información. Ahora sólo los

101/ Interfaz de FTP

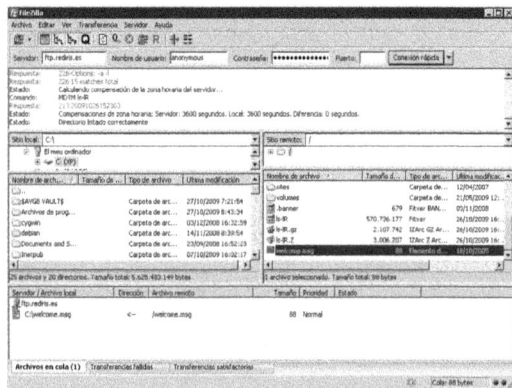

nostálgicos o los más *freakies* utilizan este tipo de versiones, ya que existen aplicaciones gráficas específicas (por ejemplo, Filezilla Cliente) que permiten transmitir los datos entre dos máquinas de forma sencilla, con un par de «clics» de ratón y sin necesidad de conocer cómo se comunican las aplicaciones. También los navegadores web permiten acceder a los servicios de transferencia de archivos.

¿Qué ocurre si una descarga se queda a la mitad? Este aspecto también se ha mejorado con el tiempo. Inicialmente, si una transmisión se interrumpía (por ejemplo, debido a un fallo del router), el fichero se perdía y era necesario volver a descargarlo íntegramente. Imaginaos el disgusto si después de esperar durante varias horas a que se descargase un nuevo juego desde Internet, en el último momento se cortase la comunicación y tocase volver a esperar… Para resolver este problema muchas de las aplicaciones de transmisión de datos actuales permiten la continuación de descargas inacabadas.

Finalmente, ¿es posible descargar ficheros mediante otras aplicaciones que no siguen el funcionamiento del FTP? Sí, puede hacerse a través del navegador mediante HTTP o utilizando servicios P2P. Por otro lado, existen otras aplicaciones como el TFTP que permiten una descarga más rápida, aunque no es una solución eficiente en Internet, debido a que no se asegura una entrega fiable del contenido.

2. ACCESO REMOTO: COMO UN HACKER

El acceso remoto, como la transferencia de ficheros, es otra aplicación básica desde los inicios de Internet. Este servicio permite a un usuario comunicarse desde su ordenador con cualquier otra máquina en Internet y controlarla como si estuviera sentado delante de ella.

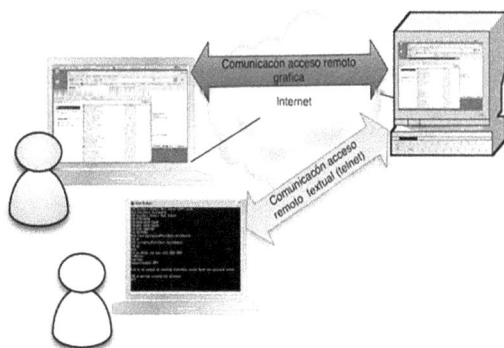

102/ Ejemplos de aplicaciones de acceso remoto

Existen diversos tipos de aplicaciones que permiten el acceso remoto:

- *Telnet* es una aplicación textual, donde el usuario a partir de la consola de comandos puede conectarse a un servidor remoto y ejecutar órdenes. El funcionamiento es parecido al del FTP; sólo que en este caso las órdenes y los datos viajan sobre una misma conexión.
- Las aplicaciones gráficas, como el Escritorio Remoto de Microsoft o VNC (*Virtual Network Communication*). Éstas permiten interactuar con el escritorio de la máquina remota.

Los métodos de comunicación que utilizan cada una de estas aplicaciones difieren entre sí; pero existen algunos rasgos comunes que cabe destacar:

- Basan su funcionamiento en un sistema cliente-servidor. Es decir; el usuario utiliza una aplicación (cliente) desde la que se conecta a otra aplicación (servidor) que se ejecuta en la máquina a la que se quiere tener acceso.
- La comunicación es bidireccional. El usuario controla las acciones de la máquina remota y la aplicación servidora devuelve una respuesta a esas acciones. Por ejemplo, si un usuario hace clic sobre una carpeta en el escritorio remoto, la orden llega al ordenador remoto, que ejecuta la acción y en la pantalla del usuario puede verse como la carpeta se abre.
- La comunicación es transparente para el usuario. Es decir, la persona que utiliza la aplicación no es consciente de cómo se consigue la conexión virtual con la maquina remota.
- Son interactivas. En general, están pensadas para que exista un diálogo continuo entre el usuario y la máquina remota.
- Son sensibles al retardo. Si un usuario ejecuta una acción (por ejemplo, abrir una carpeta), espera un resultado inmediato a su acción. Si la capacidad de una red es baja (por ejemplo, si se intenta ejecutar un escritorio remoto a través de teléfono móvil con GPRS), el usuario podría tardar varios segundos en ver la respuesta a su petición. Este tiempo de espera le podría llevar a «desesperar» y desistir de utilizar la aplicación.
- En general, no son seguras. Igual que en el caso de la transferencia FTP, se requiere un usuario y una contraseña para acceder, pero esta información generalmente se envía sin cifrar. La utilización de un protocolo denominado *ssh* (*Secure Shell*) proporciona opciones de seguridad adecuadas (cifrado de la información y autenticación).

Desde el punto de vista de un usuario convencional, las aplicaciones de acceso remoto gráficas proporcionan un buen medio para manipular ordenadores a través de Internet. Sin embargo, para un administrador de redes o equipos la aplicación *telnet* puede ser una gran aliada por varias razones:

- Disponibilidad. La mayoría de los sistemas operativos incorporan un cliente de Telnet y pueden soportar servidores *telnet*. De manera que con una misma aplicación cliente sería posible acceder a ordenadores Linux, Windows o Mac. Este no es siempre el caso de las aplicaciones gráficas, que pueden requerir clientes específicos para cada sistema operativo (por ejemplo, no es posible acceder a un ordenador con Linux mediante el cliente de acceso remoto que se utiliza por defecto para acceder a un Windows).

- Bajo consumo de recursos. Al tratarse de una aplicación textual, la información que se transmite es limitada y no es necesario un gran ancho de banda para observar un rendimiento adecuado.

- Facilidades de testeo. El cliente telnet puede utilizarse para verificar la conectividad de equipos y el funcionamiento de servidores de forma sencilla. Únicamente es necesario intentar establecer una comunicación con el servidor

103/ Interfaz de acceso remoto

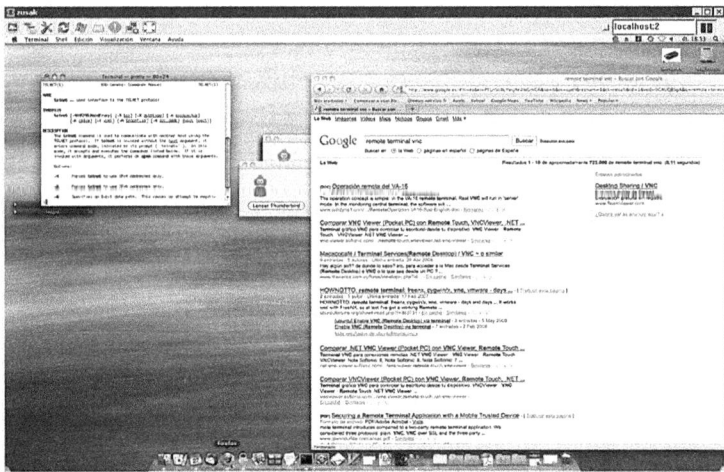

correspondiente; si el resultado es positivo, es que éste funciona correctamente; si el servidor no responde, puede deducirse que está apagado o no funciona.

– Versatilidad. Conociendo las instrucciones adecuadas es posible utilizar un cliente *telnet* para acceder a un ordenador remoto, transferir ficheros, enviar o consultar mensajes de correo electrónico o incluso consultar una página web. Evidentemente, todo esto se lleva a cabo en modo textual, por lo que las posibilidades de utilización son limitadas; además, se requieren conocimientos avanzados del funcionamiento de estos servicios. Aun así, esta posibilidad puede ser útil en determinados momentos.

3. CORREO ELECTRÓNICO: BUENO, BONITO, BARATO

El correo electrónico (o e-mail) es un servicio que se ha vuelto indispensable en el día a día de muchas personas. Características como su rapidez (en muchos casos el mensaje se recibe de inmediato), bajo coste y sencillez han hecho que el correo electrónico haya desbancado al correo convencional incluso en ámbitos comerciales o de negocios. Además, se trata de un servicio poco intrusivo (por ejemplo, en comparación con las llamadas telefónicas), ya que el destinatario puede decidir cuándo quiere recibir y leer su correo.

El funcionamiento básico de los servicios de correo electrónico es el que se muestra en la figura 104.

Imaginemos que Daniel quiere enviar una invitación para el concierto de su grupo a unos cuantos amigos mediante un mensaje de correo electrónico.

– Primero Daniel necesita una dirección de correo electrónico (daniel@mymail.edu) que le identifique; ésta tiene las mismas funciones que la dirección del remitente en el correo convencional. Para ello, Daniel

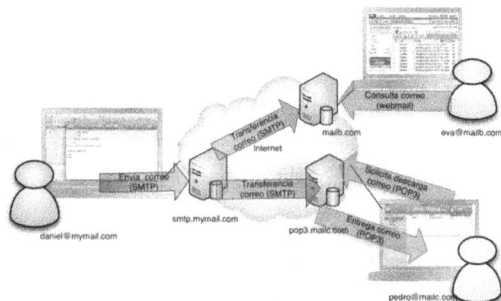

104/ Ejemplo del envío y recepción de un correo electrónico

debe suscribirse a un servicio de correo (por ejemplo, Yahoo! Mail, Hotmail, Gmail…, el equivalente a Correos para las cartas en papel) que le proporcione los servicios de envío y recepción de mensajes.

– Daniel utiliza un cliente de correo electrónico para escribir el mensaje. Inicialmente los mensajes de correo eran textuales; pero actualmente se soportan múltiples formatos, por lo que se pueden adjuntar ficheros de vídeo, audio… El formato de un mensaje de correo electrónico sería parecido al de una comunicación en papel; existen dos partes: la cabecera, que lleva información sobre el remitente, el destinatario y el asunto del mensaje (como una especie de sobre) y el cuerpo, que contiene la información del mensaje en sí (que sería la carta). El cliente de correo electrónico suele ser un programa específico instalado en el ordenador del usuario; aunque últimamente ha proliferado el uso de clientes Webmail, donde la consulta del correo se realiza a través de un navegador web convencional.

– Daniel usa también el cliente de correo para comunicarse con el servidor encargado de la transferencia de correos a través de la red. Este elemento sería como el buzón o la oficina de Correos.

– En la comunicación entre el cliente de correo y el servidor o entre los diversos servidores (por ejemplo, cuando un usuario de Gmail envía un mensaje a un usuario de Hotmail) se utiliza un protocolo denominado SMTP (*Simple Mail Transfer Protocol*). En el correo convencional, el SMTP englobaría las gestiones de «llevar la carta al buzón de correos» y «transferir la carta entre las distintas oficinas de correos hasta llegar a la oficina de destino».

105/ Interfaz de cliente IMAP

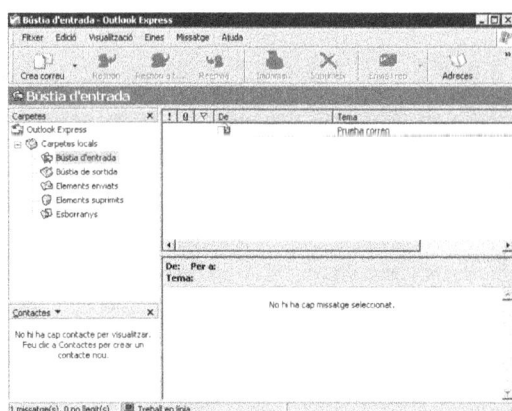

- Una vez que el mensaje llega al servidor de correo de Eva, éste queda almacenado en un buzón (o *mailbox*) hasta que la destinataria lo descargue o lo borre. Como no puede asegurarse que cuando llegue el mensaje el destinatario esté conectado y pueda recibirlo, es necesario un espacio físico en el servidor. Sería como el buzón de casa, donde se almacenan las cartas que deja el cartero.
- Para la recepción de los mensajes de correo electrónico existen dos protocolos: POP3 e IMAP. Las principales diferencias entre ambos pueden explicarse de la siguiente manera:
  - Con POP3 el usuario se descarga los mensajes en su cliente de correo. A continuación puede consultar los mensajes sin estar conectado a Internet. Sería como coger las cartas del buzón y llevarlas a casa.
  - Con IMAP el usuario consulta los mensajes directamente del servidor, no se los baja a su cliente de correo. Por lo tanto, siempre tiene que estar conectado para consultar el correo. En este caso el usuario leería las cartas y las volvería a dejar en el buzón o las tiraría, pero no se las llevaría a casa. La ventaja principal de IMAP es que el correo está centralizado en el servidor, lo que facilita que el usuario pueda consultarlo desde distintos emplazamientos (el portátil, el ordenador de casa, la PDA...); para ello se requiere que los servidores de correo ofrezcan un gran espacio de disco para almacenar los mensajes de todos sus usuarios. Actualmente, esto ya no es un problema y existen servidores en los que un usuario podría llegar a almacenar miles de mensajes durante años antes de llegar al límite de la capacidad de su buzón.

Aparte del funcionamiento básico, los servicios de correo electrónico permiten también otras múltiples opciones: solicitar acuse de recibo, indicar la importancia del mensaje, proporcionar una dirección de respuesta distinta de la del destinatario...

Por último, los usuarios de correo electrónico debe enfrentarse a diversas problemáticas:
- Control de errores. ¿Qué sucede si un usuario se equivoca al escribir la dirección del destinatario? Pueden pasar dos casos: Que el mensaje llegue a un destinatario equivocado; en ese caso debe confiarse en la buena fe del destinatario para que comunique el error; o que el destinatario no exista; en ese caso los servidores implementan mecanismos para notificar un error al entregar el mensaje. Estos mismos mecanismos también avisarían de errores cuando el servidor de des-

tino no responde o si hay otros problemas, como que el destinatario tenga el buzón lleno.

– Envío de mensajes desde identidades anónimas o falsas. Por razones de seguridad, actualmente la mayoría de los servidores de correo no permiten que un usuario no registrado envíe un mensaje a través de ellos. No obstante, sigue siendo posible enviar mensajes con una identidad falsa (es decir, poner otro nombre en el campo «De parte de» o «*From*»).

– Cifrado de la información. En general, los mensajes van en claro por la red; es decir, cualquier persona podría interceptarlos y leerlos. Por otro lado, el emisor podría querer autentificar su identidad ante el destinatario en correos importantes. En estos casos, existen soluciones como el PGP (*Pretty Good Privacy*) que permiten proporcionar seguridad.

4. NAVEGACIÓN WEB: EXPLORANDO EL OCÉANO DE CONTENIDOS

Si se compara con otras aplicaciones esenciales, como el correo electrónico o la transferencia de ficheros, los servicios de navegación web o el concepto de *World Wide Web* (WWW) tardó bastante en aparecer. La WWW fue concebida por Tim Berners-Lee en la organización europea de investigación nuclear CERN ante la necesidad de compartir información entre investigadores de distintas universidades y centros de una manera más eficiente. Seguramente nadie suponía que esa aplicación que inicialmente fue pensada para investigadores acabaría convirtiéndose en una de las aplicaciones clave en Internet. Algunos de los aspectos que han contribuido a la popularidad de la navegación web son los siguientes:

– Permite una visualización prácticamente inmediata del contenido. Las páginas web habituales no suelen tener un tamaño muy grande, por lo que con una conexión ADSL pueden consultarse en pocos segundos.

– Soporta multitud de formatos. Con los navegadores web actuales y los *plugins* (programas que extienden las funcionalidades del navegador) apropiados es posible visualizar o ejecutar muchos tipos de ficheros: música, videos, pdf…

– Permite un acceso ordenado y entendible a la información. Las páginas web están estructuradas de forma que a partir de una de ellas se pueda acceder (mediante enlaces) a otras páginas relacionadas que proporcionen más información sobre un tema concreto.

– Ha ido evolucionando intentando adaptarse a las necesidades de los usuarios. Si en un inicio los navegadores web servían para visualizar páginas web sencillas compuestas en su mayoría de información textual e imágenes, actualmente los navegadores web se han convertido en una herramienta «multiusos» para acceder a todo tipo de servicios. El caso de Google es un claro ejemplo de que, prácticamente sólo con un ordenador, un navegador web y algunos *plugins*, un usuario puede realizar actividades como leer el correo electrónico, chatear, escuchar música, leer documentos o mantener su agenda de contactos sin necesidad de utilizar un software específico para cada aplicación.

El funcionamiento de la navegación web está basado en un concepto cliente-servidor. El usuario solicita una página web a un servidor que le transmite el contenido. Las páginas web son documentos compuestos de diversos elementos u objetos (donde un objeto puede ser una imagen, el texto de una página, una animación en Flash…). Estas páginas tienen un identificador único denominado URL (*Uniform Resource Locator*) (por ejemplo, www.google.com), que es la dirección que se especifica en el navegador para buscar una página. Una vez que el usuario solicita la URL, comienza la descarga de la página; para ello se utiliza un protocolo denominado HTTP (*Hyper Text Transfer Protocol*), que basa su funcionamiento en un mecanismo de petición-respuesta como se muestra en la figura 106; es decir:

- El cliente solicita la URL de la página web. Para ello envía un mensaje que contiene la orden que entenderá el servidor (por ejemplo, GET index.html) y se envía información útil sobre el navegador (por ejemplo, el tipo de formatos de imagen que soporta).

106/ Descarga de una página web. Protocolo HTTP

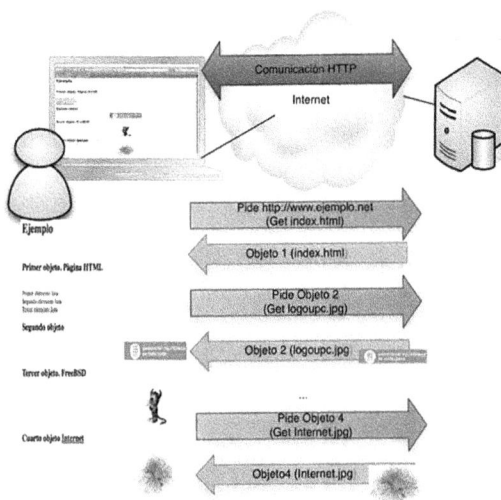

- El servidor responde con un mensaje que consta de dos partes: una cabecera, que proporciona información sobre el objeto descargado (por ejemplo, si el servidor no encuentra el objeto envía un «404» como mensaje de error), y el objeto en sí.
- El navegador analiza la página descargada para identificar todos los objetos que la componen.
- El navegador solicita el siguiente objeto (en el ejemplo, la imagen logoupc.jpg) y el servidor responde enviando los datos. El cliente espera hasta obtener el objeto y posteriormente pide otro elemento de la página (de ahí, que el mecanismo se conozca también bajo el nombre de Parada y Espera (*Stop&Wait*). Este proceso se repite sucesivamente hasta que se descargan todos los objetos de la página web.
- Usualmente los objetos de una misma página no están en un mismo servidor web, sino que pueden están repartidos en distintas máquinas remotas.
- Una vez descargada una página, los navegadores web permiten almacenar la información en local (en una *caché*), de manera que la próxima vez que un usuario solicita la página se muestra la copia local y no hace falta volver a descargar toda la información.

El mecanismo petición-respuesta no es demasiado óptimo si todos los objetos de una página tienen que descargarse consecutivamente, ya que esto conlleva un tiempo de espera considerable; especialmente en comunicaciones a través de redes con limitada capacidad (como los módems telefónicos o las conexiones a través de redes móviles). Por ello, se han considerado diversos mecanismos de mejora para acelerar la navegación web:

- Aumentar el número de conexiones simultáneas a un servidor o utilizar *pipelining*. Imaginemos a un grupo de personas que quieren tomar un café en un bar. Para ello, pueden decidir actuar de diversas maneras. La opción más básica es que cada persona se levante secuencialmente de la mesa, vaya a ver al camarero y le pida su café; esto, sin embargo, hace que el tiempo total de espera, hasta que todo el mundo tenga su café, sea muy grande. La siguiente opción sería aprovechar que la cafetera puede hacer varios (cuatro) cafés al mismo tiempo; por lo tanto, el tiempo de espera se reduciría considerablemente si, en vez de esperar a que se sirva un café antes de pedir el siguiente, van cuatro personas a la vez a pedir el café. En el caso de una descarga web, esto se conoce como utilizar varias conexiones simultáneas para realizar peticiones. Ahora imaginemos que un usuario va al camarero y le pide directamente cuatro cafés. A efectos prácticos, sería parecido al caso anterior. Esto en la navegación web se conoce como *pipelining*, es decir, realizar varias peticiones de objetos de forma consecutiva sin tener que esperar primero a la descarga completa de los objetos. Realizando una búsqueda en Internet no es difícil encontrar páginas que explican cómo configurar de forma óptima un navegador web para incluir estas mejoras.

- Estructurar la página de forma correcta. El orden de descarga de los objetos de una página web puede ser relevante. Por ejemplo, en una página de noticias el texto de la noticia seguramente es más prioritario que las imágenes que la acompañan. Se estima que un usuario está descontento si una página web tarda más de unos pocos segundos en descargarse; esto podría ser un problema en conexiones lentas. En estos casos, una buena política sería permitir que la primera información en descargarse fuera la textual, de manera que el usuario pueda empezar a visualizar la información útil cuanto antes mientras espera a que se descarguen objetos más pesados (como las imágenes).

- Adaptar el contenido de la página web. En conexiones lentas puede ser conveniente reducir la resolución de imágenes, o incluso eliminarlas si no son necesarias, para reducir así los tiempos de descarga de la información y mejorar la percepción del usuario.

5. BUSCADORES Y SERVICIOS DE DIRECTORIO: LA BRÚJULA DE INTERNET

Es evidente que los navegadores web son la puerta de acceso a una cantidad inconmensurable de información que se va incrementando día a día. Esto que a simple vista es una gran ventaja: «poder consultar toda la información de Internet cómodamente desde nuestro ordenador», supone también un problema: «¿cómo encontrar la información que buscamos?». Imaginaos cómo sería entrar en una gran biblioteca desordenada y encontrar un libro concreto sin saber por dónde empezar a buscar. ¡Imposible! Tampoco llegaríamos a mucha información si tuviéramos que conocer o recordar la dirección web de todas las páginas que quisiéramos consultar. Existen algunos libros a modo de directorio (una especie de páginas amarillas) que recogen un gran número de direcciones web agrupadas por temas; sin embargo, su utilidad sería discutible teniendo en cuenta el carácter cambiante de Internet: existen multitud de direcciones web que desaparecen, cambian o aparecen cada día. Para cubrir la necesidad de disponer de un medio rápidamente actualizable en el que se concentren gran parte de los contenidos de la red, aparecieron los directorios y los buscadores de Internet, como Yahoo!, Bing o Google.

Un directorio de Internet es un portal de acceso a una base de datos en la que la información está agrupada por categorías (por ejemplo, deportes, compras, noticias, …). Esta clasificación permite que un usuario pueda encontrar de forma más intuitiva la información que busca. La selección de los recursos de los directorios suele ser de forma manual y se indexa únicamente la página web principal de un sitio; esto limita el alcance de los directorios.

Los buscadores de Internet suelen basar su funcionamiento en unas herramientas software denominadas *arañas* (*spiders* o *web crawlers*), que de forma automática y recurrente inspeccionan la red. Estos programas actúan de la siguiente manera:

– Parten de una dirección URL.
– Copian la información de esa página web para que pueda ser analizada y posteriormente indexada.
– Recorren la página web detectando los enlaces URL existentes, que añaden a una lista de enlaces a visitar.
– Realizan el mismo proceso con la siguiente URL en la lista de enlaces y lo repiten, de forma recurrente, para cada uno de los enlaces encontrados.
– Los buscadores procesan la información recogida por las arañas web y la indexan.

Una pregunta lógica sería plantearse si pueden los buscadores llegar a toda la información de Internet. La respuesta es «No, no pueden». Aunque para muchos será difícil creer que algo se escape a la indexación de los buscadores más populares, hay que tener en cuenta que la capacidad de las arañas web es limitada y no pueden abarcar todas las páginas web, por lo tanto suelen priorizar los enlaces que inspeccionan y descargan. En realidad existen muchas páginas que se quedan en el tintero: páginas «huérfanas» (aquellas a las que no llegan enlaces de otras páginas), webs dinámicas, páginas que requieren una autentificación y también la mayoría de bases de datos. A esta información que no es indexada por los buscadores habituales se la conoce como la Internet invisible o la Internet profunda. Existen estudios del 2004 que calculaban que el contenido de la Internet profunda era considerablemente superior al de la información indexada por los buscadores (a la que nos podríamos referir como Internet «visible»), tanto que se ha llegado a decir que la Internet «visible» sería como la punta (una pequeñísima parte) de un iceberg y la Internet «invisible» todo lo que queda bajo el agua. Ante la presencia de la Internet invisible, cada vez es mayor el esfuerzo de los buscadores, como es el caso de Google, por indexar este tipo de información; aun así, ni combinando varios de los buscadores más populares sería posible acceder al 100% de los contenidos.

Desde que aparecieron los primeros directorios y buscadores de Internet, a mediados de los años 90, muchas son las empresas que se han dedicado a aportar este tipo de servicios en Internet. Existen directorios o buscadores temáticos; otros son genéricos (como Yahoo! o Google) y otros están dedicados a un sector concreto de la población (por ejemplo, el buscador Baidu es el más popular de China, incluso por delante Google). También existen buscadores especializados en la Internet profunda. Otros intentan ir un paso más allá, como Answers.com, y tratan de dar resultados de búsqueda coherente a preguntas escritas de forma entendible para una persona, en vez de para una máquina; por ejemplo, podríamos preguntar «¿Cuál es el libro más famoso de Cervantes?» y la máquina nos respondería con enlaces que dan respuesta a esa pregunta. Por último, existen los metabuscadores, que permiten buscar información en varios buscadores o directorios con la intención de abarcar así un mayor rango de resultados. Ante tanto abanico de posibilidades, surge otra pregunta: «¿Cuál es la mejor manera de encontrar la información que buscamos?». No existe una respuesta concluyente... Depende del contenido que se busque. Como cada buscador utiliza sus propias políticas y mecanismos para priorizar la información que indexa, la respuesta a una misma consulta en dos buscadores no tiene por qué devolver el mismo resultado. Por lo tanto, una buena práctica es realizar consultas en varios buscadores y comparar los resultados.

6. JUEGOS EN LÍNEA: PEGANDO TIROS A DISTANCIA

Con la mejora de las condiciones de conexión a Internet y el desarrollo de lenguajes como Flash o Java, los juegos en línea u *online* han

107/ Interfaz de juego online

ido cobrado protagonismo. Actualmente, existen multitud de juegos en línea de diversos tipos: juegos simples basados en una consola de texto, otros que pueden ejecutarse desde un navegador web, o juegos gráficos mucho más elaborados que permiten la opción multijugador en tiempo real a través de Internet (por ejemplo, juegos como el Age of Empires). Muchos de estos juegos no solo permiten a varios usuarios interactuar entre ellos por medio del juego, sino que también les dan la opción de mantener conversaciones a través de aplicaciones de mensajería instantánea: por lo tanto, estaríamos ante un ejemplo de aplicaciones que abogan por el uso de Internet como un medio de sociabilización.

Los juegos online masivos (en general, pensados para miles de jugadores) han sido posibles gracias al crecimiento de las velocidades de acceso a Internet; un ejemplo de éstos es el popular juego de rol World of Warcraft. Estos juegos usualmente utilizan una única base de datos y un único escenario de juego compartido por todos los usuarios, de manera que aunque el usuario no esté online, el juego sigue su curso. Otro ejemplo que se hizo popular en los últimos años, es Second Life, un intento de universo paralelo en el que el jugador podía crear su propio personaje e ir evolucionando mientras se socializaba con otros jugadores. La participación de entidades (por ejemplo, universidades que ofrecían aulas de estudio de alguna materia) y personajes populares contribuyó en cierta manera al *boom* del juego.

Las características que deberían cumplir las plataformas de juegos online para proporcionar una buena experiencia al usuario serían las siguientes:

– Buena respuesta en tiempo real: Un jugador espera que, cuando realiza un movimiento o una orden, ésta se lleve a cabo de forma inmediata; más o menos como si estuviera jugando solo en su ordenador. Por lo tanto, la comunicación entre el usuario y el servidor del juego (en Internet) debe optimizarse para que discurra de la forma más rápida posible. Aunque esto no supone un gran problema en un entorno doméstico a través de ADSL, puede ser más restrictivo en entornos inalámbricos, por ejemplo, si el jugador se conecta a través de un iPhone u otro terminal móvil.

– Escalabilidad: Especialmente en el caso de los juegos multijugador masivos, el desarrollador debe de asegurar que el servidor soporte el número de jugadores requeridos y que permita expandir el universo de juego (por ejemplo en el caso de Second Life).

7. COMERCIO ELECTRÓNICO: QUÉ MIEDO ME DA PONER LA VISA

La introducción de mecanismos de seguridad en la navegación web que puedan asegurar la confidencialidad y autenticidad de compradores y comerciantes ha hecho posible la aparición de servicios relacionados con el comercio electrónico, la banca electrónica o la gestión de trámites administrativos (por ejemplo, pagar una multa). Esta clase de servicios va ganando adeptos cada día: cada vez son más los usuarios que utilizan Internet para comprar libros, billetes de avión, reservar hoteles, participar en subastas como Ebay...

Existen diversas formas de pago en las transacciones de compra a través de Internet (pago con cheque, transferencia, prepago, pago con tarjeta). De todas ellas, el pago con tarjeta de crédito es la más frecuente. En este tipo de servicios puede participar tres entidades:
- El comprador (el que realiza la compra)
- El vendedor (que facilita la mercancía)
- La pasarela de pago, que actúa de intermediaria entre el comprador, el vendedor y la entidad bancaria. De esta manera, ni el vendedor tiene acceso a los datos financieros del comprador ni la entidad bancaria conoce los productos que ha comprado el usuario.

Dado que los servicios de comercio electrónico suponen el intercambio de información confidencial (datos personales del usuario o información de la tarjeta de crédito), están ligadas a unos requerimientos muy estrictos:
- Confidencialidad: Los datos sensibles no deben poder ser averiguados por terceras personas. Es decir, nadie aparte del usuario tiene por qué saber qué compra a través de Internet. Por lo tanto, deben proporcionarse mecanismos para cifrar la información. También es una práctica habitual establecer acuerdos de confidencialidad en los que el comprador cede sus datos (por ejemplo, su dirección de casa para que le envíen un producto) al comerciante y el comerciante se compromete a no ceder esos datos a personas ajenas.
- Integridad: Debe asegurarse que la información transmitida es correcta y no se modifica entre los extremos de la comunicación. Imagina que compras un libro electrónico por Internet y cuando lo descargáis en vuestro ordenador se han equivocado de libro.
- Autenticidad: Es necesario asegurar que tanto el comprador como el vendedor son quien dicen ser. Si no se asegura la identidad del comerciante, los consumidores pueden caer en el peligro del *phishing* (alguien suplantando la identidad de otros usuarios para realizar una estafa). Usualmente, para asegurar la autenticidad se utilizan firmas electrónicas y certificados digitales.

– No repudio: Permite verificar la gestión entre comprador y vendedor, de manera que se protejan comportamientos ilegítimos (por ejemplo, que un comprador niegue haber efectuado la compra).

8. MENSAJERÍA INSTANTÁNEA: REUNIÉNDONOS EN EL CIBERESPACIO

Las aplicaciones de mensajería instantánea (también conocidas como aplicaciones IM por su término inglés *Instant Messaging*) permiten a los usuarios intercambiar mensajes de forma instantánea con otros usuarios que están incluidos en su lista de contactos. La primera aplicación IM nació en 1996 bajo el nombre de ICQ. Esta aplicación se desmarcó de los mensajes diferidos del correo electrónico para proporcionar a los usuarios una forma instantánea de comunicarse con sus amigos y familiares. La idea fue sencilla pero innovadora: una lista de contactos cuyo estado de presencia en la aplicación es visible mediante simples estados. Por ejemplo, el estado *online* significa que el contacto está utilizando la aplicación, *ausente* significa que la está utilizando pero hace un rato que no está delante de la pantalla de su ordenador, *offline* nos indica que el contacto se ha desconectado de la aplicación. Establecer una comunicación con un usuario es muy sencillo, se abre una ventana de chat y se empieza a enviar mensajes instantáneos. En una sola ventana de conversación pueden participar varios contactos; todos reciben los mensajes y todos pueden enviarlos. Después del gran éxito de ICQ, grandes empresas de la informática lanzaron sus propias aplicaciones IM como AOL Instant Messenger (AIM), Yahoo! Messenger (YMSG) y Microsoft Messenger (MSN) y Google Talk. Gran parte de este éxito es debido al hecho de que el usuario puede decidir cuándo comunicarse con un contacto según su estado de presencia.

108/ Interfaz de IM

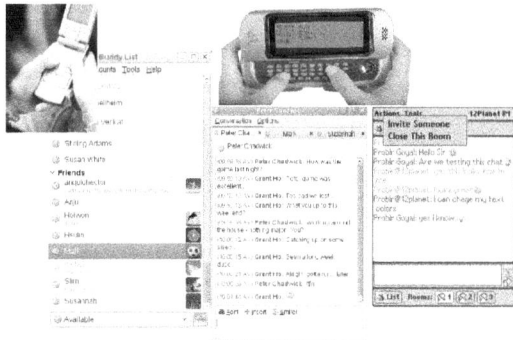

Poco a poco, las aplicaciones IM han ido incorporando funciones adicionales avanzadas como la transferencia de ficheros entre contactos y comunicaciones multimedia (audio, vídeo y videoconferencia). Además, la información que estas aplicaciones ofrecen sobre los contactos del usuario ha aumentado respecto al modelo básico de estados online/offline. Toda la información sobre un usuario que ayude de alguna forma a otros usuarios, o a aplicaciones, a comunicarse en el momento y de la forma más oportuna es conocida como *información de presencia del usuario*. Las aplicaciones IM actuales pueden incluir información de presencia tan diversa como actividades que el usuario está haciendo, localización, información sobre los dispositivos en los que está ejecutando su aplicación IM o información personal. Por ejemplo, si el usuario sabe que un contacto está utilizando una aplicación IM sobre un teléfono móvil, podría decidir no iniciar una videoconferencia con él, puesto que el teléfono probablemente tendrá una pantalla de dimensiones limitadas.

Este ejemplo nos introduce de lleno en la gran evolución de las aplicaciones IM: el mundo móvil. Esta evolución, al igual que ha pasado con otras aplicaciones inicialmente pensadas para Internet, ha sido posible gracias a la fusión de Internet y las operadoras telefónicas. En particular, la integración de aplicaciones IM en dispositivos móviles es de gran utilidad, puesto que ofrece una forma más flexible y económica de comunicarse con los contactos de forma independiente a la localización del usuario.

La mayoría de aplicaciones IM utilizan una arquitectura cliente-servidor, en la cual los usuarios se registran en alguno de los servidores que proporciona el proveedor del sistema IM. El número y tipo de servidores depende del sistema IM en particular. Por ejemplo, en YMSG el usuario solo necesita registrarse en un servidor, el cual se utilizará para realizar todas las operaciones. Por otro lado, en MSN hay diferentes servidores para diferentes funciones: para iniciar la sesión (servidor *dispatch*), para manejar la presencia de los usuarios (servidor *notification*) y para gestionar los mensajes instantáneos (servidor *switchboard*). La gran problemática de los sistemas IM es la escalabilidad, puesto que estos sistemas utilizan servidores centralizados y las aplicaciones IM son usadas por millones de usuarios. Por este motivo, algunos sistemas, como AIM y MSN, excepcionalmente utilizan un modo *peer-to-peer* para operaciones que generan mucho tráfico en la red, como la videoconferencia.

9. *PUSH-TO-TALK*, CAMBIO Y CORTO

Las aplicaciones *Push-To-Talk* (PTT) en las redes celulares 3G son conocidas como *Push-to-talk Over Cellular* (PoC) y están basadas en la tecnología de Voz sobre IP (VoIP). Son la versión audio de la mensajería instantánea y tienen un diseño parecido: una lista de contactos con información de presencia asociada. Cuando un usuario pulsa el botón de «hablar», su voz se transmite a todos los contactos seleccionados. Algunas aplicaciones permiten también el envío de fotos, vídeos, correos electrónicos y mensajes cortos, siempre mediante el mismo método: seleccionar los destinatarios y pulsar un botón para enviar. Es el típico concepto de los *walkie-talkies:* mientras un usuario habla, el otro permanece en silencio.

El concepto de PTT permite comunicarnos con otros usuarios simplemente pulsando un botón, sin necesidad de que el receptor consienta la comunicación. Rompe el modelo de la telefonía tradicional, donde debe establecerse primero la llamada y finalizarse después.

La comunicación entre los usuarios es *half-dúplex*, significa que dos usuarios de una misma conversación no pueden transmitir simultáneamente, por eso se requiere pulsar el botón. Cuando un usuario lo mantiene pulsado, el resto lo tiene deshabilitado. El concepto contrario utilizado en la telefonía tradicional, donde ambos extremos pueden hablar simultáneamente, se denomina *full-dúplex*.

El servicio PTT se comenzó a ofrecer por primera vez en *Estados* Unidos en 1996 cuando el operador Nextel lanzó su producto Direct

109/ Interfaz de PTT

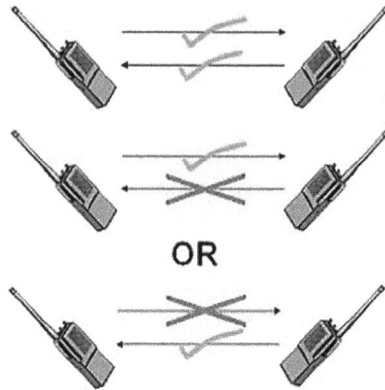

OR

Connect, el cual estaba centralizado exclusivamente en el mercado empresarial. Más tarde, surgieron otros productos como FastChat de la compañía FASTMOBILE o el servidor PTT de Verizon Wireless.

10. REDES SOCIALES: DONDE LOS DE SELECCIÓN DE PERSONAL ENCONTRARÁN LAS FOTOS DE TUS BORRACHERAS

Las redes sociales, como MySpace y Facebook, se han integrado en la vida diaria de millones de usuarios. Actualmente, hay cientos de redes sociales que están destinadas a diferentes tipos de usuarios según diversos criterios como lenguaje, nacionalidad, identidad religiosa o política, gustos, aficiones, estudios, trabajo, relaciones personales, etc. Además, las redes sociales se diferencian por las herramientas que ofrecen a los usuarios para añadir información y comunicarse con el resto de miembros de la red como compartición de video o ficheros, conectividad móvil o *blogging*. Al igual que en las aplicaciones de mensajería instantánea, en una red social cada usuario tiene un perfil y una lista de contactos con los que puede comunicar. El rasgo clave que distingue a las redes sociales es que permiten a los usuarios ver las relaciones sociales de sus contactos. Los usuarios pueden navegar por la lista de contactos de otros usuarios y ver información sobre ellos. El nivel de información que se muestra sobre un usuario siempre dependerá del nivel de privacidad que el usuario establezca. Esta posibilidad de navegación sobre listas de contactos hace que se puedan crear relaciones entre usuarios que de otra forma nunca se hubieran creado.

Aunque la funcionalidades de las redes sociales cambian de una a otra, siempre hay una función en común: el perfil de usuario. Cada usuario tiene un perfil público que es creado después de que el usuario rellene un formulario con información variada como edad, localización, intereses, gustos, frases favoritas, etc. En la mayoría de redes sociales los perfiles pueden ser extendidos con diversos tipos de ficheros como música, videos o fotos, e incluso aplicaciones como juegos.

La primera red social, SixDegrees.com, fue lanzada en 1997. A partir de entonces y hasta 2001 un gran número de aplicaciones empezaron a utilizar la combinación de los perfiles de usuario con listas de contactos públicas, como por ejemplo AsianAvenue y MiGente. El siguiente paso en redes sociales fue Ryze.com, la cual fue lanzada en 2001 para facilitar las relaciones de negocios. Esta red nunca tuvo un gran éxito, pero de sus fundadores nacieron otras redes más conocidas como Tribe.net, LinkedIn y Friendster.

Cualquier red social está soportada por un conjunto de servidores de altas prestaciones en la red del proveedor de servicio. Hay dos cuestiones clave en redes sociales: escalabilidad y privacidad. Con el creciente éxito de estas redes y el incremento de funcionalidades, los servidores se enfrentan a cantidades de tráfico muy elevadas. Por otro lado, los usuarios dejan en estos servidores información muy personal y el proveedor debe proporcionar al usuario mecanismos para restringir la visibilidad que otros usuarios tienen de su información. Aunque la arquitectura y protocolos de la mayoría de redes sociales no son públicos, algunas han abierto sus puertas ofreciendo plataformas de desarrollo a programadores. Este es el caso de Facebook y MySpace que permiten a programadores crear e integrar en la red sus propias aplicaciones.

11. TELEFONÍA IP: TELEFONEANDO SIN RED TELEFÓNICA

Las aplicaciones de telefonía IP permiten comunicaciones de voz sobre redes que utilizan el protocolo IP. Estas aplicaciones están basadas en la tecnología Voz sobre IP, VozIP o VoIP (por sus siglas en inglés), que envía la señal de voz por Internet en forma digital utilizando paquetes de datos.

111/ Teléfono IP y adaptador de teléfono tradicional a VoIP

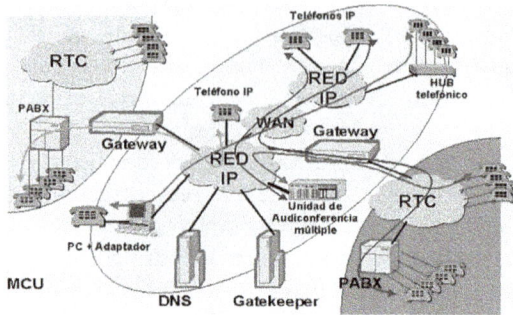

La voz se obtiene de diferentes formas, por ejemplo mediante un micrófono conectado a un PC, un teléfono IP ya diseñado para este uso y con conexión directa a Ethernet o un teléfono común con un adaptador que le permite conectar a Ethernet.

Cuando el usuario utiliza la aplicación de telefonía IP, ésta se subscribe a un servidor denominado *Gatekeeper* para que el sistema sepa que está dado de alta y en la dirección IP que se encuentra para así redirigir cualquier llamada. La conexión entre dos teléfonos IP es directa a través de Internet; sin embargo, para poder conectar a un teléfono convencional hace falta unir las dos redes, Internet donde se encuentra el teléfono IP, y la red telefónica donde se encuentra el teléfono normal. Esta operación la realiza un dispositivo denominado Gateway. En la figura 112 vemos un esquema de los componentes más importantes en VoIP.

Una ventaja fundamental de la telefonía IP es que los usuarios no están ligados a una localización como sucede con los teléfonos fijos. El usuario de telefonía IP puede comunicarse en cualquier parte del mundo sin los costes usuales de las llamadas de telefonía convencional. Además, las aplicaciones de telefonía IP pueden integrarse con otros servicios disponibles en Internet, incluyendo videoconferencias, intercambio de datos y audioconferencias.

Sin embargo, las líneas de Internet no están dedicadas para una comunicación en concreto (como sucede en telefonía convencional) y el ancho de banda se reparte entre todos los usuarios. Precisamente este hecho hace que sea difícil asegurar una cierta calidad de servicio. Existen formas de mejorar la calidad mediante la reserva de un nivel de ancho de banda a través de protocolos de comunicación como el RSVP (*Resource reSerVation Protocol*), pero no siempre están disponibles.

12. IPTV: LA TELE SIN ANTENA

Las aplicaciones de IPTV, Televisión sobre IP, nos permiten ver televisión y video utilizando conexiones de banda ancha a Internet. Estas aplicaciones principalmente ofrecen un menú al usuario mediante el cual se puede elegir el contenido que se desea visualizar. La programación normalmente consta de los canales de televisión tradicionales además de otros más específicos y temáticos. Los contenidos pueden ser libres o de pago (*pay per view*), y algunos se pueden reproducir, pausar, avanzar o retroceder como si se tratase de un DVD. También existen otras funciones más avanzadas, como contenidos interactivos que dan información adicional (por ejemplo, en un partido de futbol se puede pulsar sobre un jugador con el ratón y se presentan sus estadísticas de goles de la temporada) o sistemas de votación como en los concursos. Este servicio es proporcionado por un proveedor, que normalmente es el mismo proveedor del servicio de Internet.

El servicio IPTV es proporcionado por un conjunto de servidores en la red del proveedor con alta capacidad de procesamiento y ancho de banda para asegurar una buena calidad de servicio a todos los clientes. En la fig. 113 vemos los componentes que son necesarios para recibir IPTV. IPTV puede visualizarse directamente en un ordenador conectado a Internet, pero para hacerlo en un aparato de televisión debemos conectarlo a un receptor conocido como Set Top Box (STB). El STB realiza diversas funciones como comprobación de que el usuario tiene permiso para ver los canales que selecciona, adecuación de la señal recibida al aparato receptor y funciones de gestión de contenidos (pausa, reproducción, reproducción en cámara lenta entre otros).

113/ Elementos de recepción de IPTV

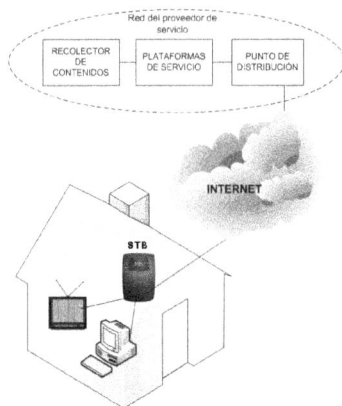

Dos términos muy relacionados con IPTV son Web IP y Mobile TV. La Web TV, también llamada Internet TV, sigue el mismo modelo de IPTV y está basada en la misma tecnología. La diferencia entre ambas estriba en que IPTV es un servicio del operador que el usuario debe contratar y que garantiza una cierta calidad de servicio y Web TV son páginas web que permiten descargar contenidos de vídeo sin requerimientos de calidad. Por otro lado, Mobile TV hace referencia al conjunto de tecnologías (incluida IPTV) que posibilitan las aplicaciones de televisión en dispositivos móviles.

13. SERVICIOS BASADOS EN LOCALIZACIÓN: ¿DÓNDE ESTOY?

Los servicios basados en localización (*Location Based Services*, LBS) utilizan la posición física de los usuarios móviles para proporcionar funciones de valor añadido y conforman un gran abanico de servicios avanzados como por ejemplo gestión de flotas, facturación sensible a la localización, sesiones multimedia según la localización de participantes, etc. Debido a este emergente mercado lleno de oportunidades de negocio, las técnicas de localización han ganado mucho interés en los últimos años.

Principalmente existen dos clases de localización: autolocalización y localización remota. En el primer caso, es el terminal quien calcula su posición mediante las señales que recibe de equipos externos especialmente diseñados para este fin (GPS o *Mobile Terminal Positioning over Satellite* UMTS, S-UMTS). Por el contrario, en las técnicas de localización remota un conjunto de receptores distribuidos por el área de funcionamiento

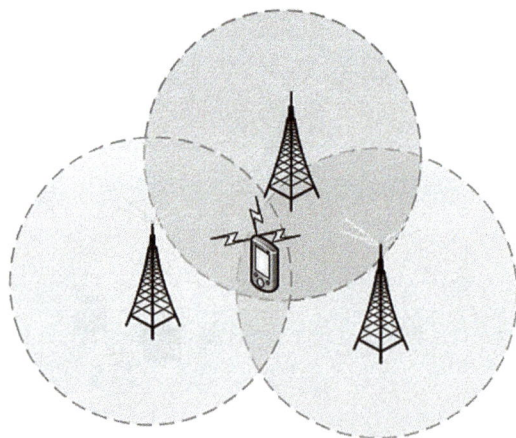

114/ Sistema de localización por triangulación. Utilizando el tiempo de propagación de la señal, se calcula la distancia entre el terminal y los receptores y se triangula la posición

miden señales originadas desde el terminal que debe ser localizado, y calculan su posición mediante relaciones geométricas.

La mensajería instantánea como servicio multimedia interactivo con el usuario es una aplicación idónea para incorporar LBS. Las aplicaciones de IM pueden utilizar información de localización sobre el usuario o sobre los contactos de su lista para tomar decisiones sobre cómo y cuándo iniciar sesiones multimedia. Un ejemplo sería que una aplicación de IM o red social sugiera a un usuario nuevos contactos, o incluso añadir los nuevos contactos sin preguntar al usuario, dependiendo de la localización del usuario y de los contactos. De esta forma, podríamos charlar con personas cercanas a nosotros geográficamente, lo cual podría ser útil no solo por razones sociales, sino en eventos de tipo laboral como congresos, ferias, etc. También existen otras aplicaciones, como control de niños, ancianos o enfermos mentales. Por ejemplo, si un niño tiene instalada una aplicación IM en su teléfono móvil, ésta podría enviar un mensaje automático a sus padres si detecta que el niño se ha alejado de casa más de una cierta distancia.

14. PROGRAMACIÓN DE APLICACIONES: ¿PERO ESO NO LO HACEN UNOS DUENDECILLOS?

En este apartado vamos a abordar cómo se programan las aplicaciones de red, en especial las aplicaciones web, que son aquellas con las que todo el mundo está acostumbrado a interactuar durante la navegación por Internet. Pero, antes de explicar cómo se programa una aplicación web, haremos un breve repaso de algunos conceptos.

¿Qué es un programa?

– Un programa es un conjunto de instrucciones dirigidas a que las ejecute un ordenador (ya sea un ordenador personal, un teléfono móvil, PDA, etc., es decir, cualquier aparato con un procesador).

¿Qué es una aplicación?

– Una aplicación es un tipo de programa diseñado como herramienta para que un usuario realice una o varias tareas específicas. Esto la diferencia de otros tipos de programas como serían los sistemas operativos, las utilidades, etc., especializados en hacer funcionar el ordenador y gestionar su mantenimiento.

¿Qué es un lenguaje de programación?

– Un lenguaje de programación proporciona un conjunto de reglas y construcciones lógicas, similares a las matemáticas y a las que usamos los humanos al razonar, que nos permiten decirle a un ordenador cómo se ha de comportar y qué hacer en una situación determinada. Esto es, nos permite escribir un programa que le diga al ordenador lo que tiene que hacer en TODO momento. En consecuencia, los programas tienen que ser muy claros y específicos, contemplando todos los posibles casos y situaciones para que el ordenador siempre sepa qué hacer. Cuando un programa no está bien programado, suele dar fallos, producir errores y, como habréis comprobado, muchas veces se «cuelga», es decir, el programa no responde y se queda parado sin saber qué hacer.

¿Qué es un lenguaje de presentación de etiquetas?

Por otro lado, también existen otro tipo de lenguajes que permiten decirle a un navegador web (Firefox, IExplorer, Chrome, Safari, Opera, etc.) cómo ha de presentar las páginas web. Es decir, le indican los contenidos de la página (texto, imágenes, videos, etc.) y dónde y cómo los tiene que colocar en la pantalla (listas, tablas, etc.). Algunos ejemplos de lenguajes de presentación de etiquetas son: HTML, xHTML, XML, InkML, etc. A estos lenguajes también se le llama *lenguajes de publicación*.

A diferencia de los lenguajes de programación, que se especializan en decirle a un programa lo que tiene que hacer, este tipo de lenguajes en lugar de decirle al navegador lo que debe hacer, le dicen cómo tiene que mostrar la información que va recibiendo al navegar por Internet. En este caso, en vez de usar instrucciones y sentencias, se utilizan etiquetas. Las etiquetas sirven para darle forma a una página web. Con ellas se establece la estructura del documento, dónde va cada pieza de información y, en algunos casos se indica también el estilo con el que se ha de presentar la información.

Ejemplo de etiqueta:

```
<etiqueta atributo 1="atr1" atributo="atr2">
Contenido de la etiqueta
</etiqueta>
```

Habitualmente, una etiqueta consta de la apertura, indicada como <*nombre etiqueta*>, continuado por el contenido de la etiqueta (usualmente texto, otro objeto multimedia u otra etiqueta) y el cierre, indicado como </*nombre etiqueta*>. A las etiquetas se le pueden poner atributos, que permiten ajustar mejor el comportamiento y la presentación de cada etiqueta. Así, por ejemplo, con los atributos adecuados podemos indicar el ancho y alto de una imagen o tabla.

14.1. HTML, el traje de etiqueta

HTML (*Hyper-Text Markup Language*) es el lenguaje de etiquetas más utilizado para escribir páginas web, o lo que es lo mismo, es el lenguaje utilizado para publicar prácticamente todos los documentos que podamos encontrar en la *World Wide Web*. Actualmente, este lenguaje es reconocido prácticamente por todos los navegadores existentes en Internet, incluidos los de los teléfonos móviles y es un estándar de aplicación mundial. HTML especifica los elementos con los que construir una página web. Aunque es posible darle formato al documento con HTML, una práctica común actualmente es separar la estructura del documento y la presentación o estilo del documento. La estructura incluye los elementos que forman la página web y cómo están relacionados entre ellos (p. ej. en qué posición relativa están los unos de los otros, qué elemento deriva de cuál, etc.). El estilo indica cómo se visualizarán los elementos del documento, con qué tipo de letra, qué color de fondo, etc.

Este énfasis en la separación entre estructura y presentación se ha producido después de la aparición de centenares de navegadores distintos, operando en dispositivos tan dispares como teléfonos móviles, videoconsolas, PDA, etc. Al principio, las páginas web estaban escritas para que se visualizasen bien con uno o dos navegadores concretos y no hacía falta separar la estructura de la presentación. Una vez fueron apareciendo más y más navegadores, especialmente con la llegada de las redes y dispositivos móviles, esta separación se hizo inevitable. Todos estos dispositivos tienen tamaños de pantalla, tipos de teclado y prestaciones muy distintos y no pueden presentar una página de la misma forma que un ordenador personal con un procesador, una pantalla y un teclado de tamaño decente. Por tanto, el motivo de esta separación es facilitar la creación de páginas web que, a pesar de tener la misma estructura, se presenten con un estilo distinto según con qué dispositivo se visite la página.

Este principio de separación también se aplica para ahorrar esfuerzo a la hora de actualizar el diseño de una página. En estos casos, la estructura permanece intacta y sólo hace falta modificar los elementos de estilo de la página para cambiarle la cara a una página web. De esta forma se ahorra trabajo y se facilitan las tareas de actualización del diseño.

14.2. Dinamismo en páginas web: Actualízate, Sésamo

Al inicio de la *World Wide Web* las páginas eran estáticas. Esto significa que las páginas se escribían manualmente con anterioridad y no podían cambiar el contenido una vez se publicaban y había que sustituir el documento con una nueva versión, reescrita para albergar los nuevos cambios.

Esta forma de trabajar era pesada y no permitía ni la personalización de los contenidos ni una fácil actualización de la página. Otra característica de las páginas estáticas era que no permitían los efectos actuales basados en la gestión de eventos. Por ejemplo, antes no era posible decirle al navegador que, al pasar por encima de algún botón de menú, este se desplegase mostrando nuevas opciones.

Rápidamente se buscaron maneras de proporcionar mayor dinamismo a las páginas web. Por una parte, se desarrollaron lenguajes de *scripting* (JavaScript, JScript, ECMAScript, etc.), que permiten manejar los eventos generados durante la navegación de un usuario por una página web justo cuando ocurren. De esta forma, cuando un usuario navega por una página, se pueden ejecutar ciertas acciones si ocurren los eventos deseados. Estas acciones pueden ser muy variadas, por ejemplo redimensionar la ventana, desplegar menús, abrir links o incluso hacer animaciones sencillas.

Por otra parte, se aplican conceptos generales de programación a la creación de páginas, de forma que se desarrollaron herramientas para generar el código HTML de las páginas de forma dinámica. Así se crearon lenguajes de programación específicos, variantes de otros lenguajes y otras herramientas especializadas en generar el contenido de las páginas en tiempo real (PHP, JSP, Ruby, CGI, etc.). Con estas herramientas se puede escribir la página de nuevo cada vez que un usuario la visita. Para ello, en vez de escribir la página web directamente, se escriben programas que generarán la página según las directrices marcadas por el programador. Esta forma de trabajar tiene varias ventajas: por un lado se puede personalizar el contenido de las páginas a las necesidades y gustos de cada usuario. Por otro, si se programa de forma adecuada, la actualización de nuevos contenidos es una tarea sencilla que puede realizar una persona sin conocimientos de programación. En muchos casos, se puede realizar de forma que el usuario no sea realmente consciente de que está modificando/generando el contenido mientras interactúa con la página (esta acción es habitual en las páginas de las redes sociales).

14.3. Aplicaciones web: Donde el navegador es el chico para todo

Como se ha explicado anteriormente, una aplicación es un programa creado como herramienta para realizar una o varias tareas específicas. Una aplicación web es una aplicación alojada en algún servidor de Internet que utiliza una interfaz web dinámica para interactuar con los usuarios. Esto significa que el usuario interacciona con la aplicación mediante los elementos de las páginas generadas dinámicamente por la aplicación web, ejecutando acciones al pulsar sobre enlaces o al rellenar formularios. El resultado de las acciones son devueltos al usuario en forma de páginas HTML.

14.4. Web móvil y adaptación de contenidos: Cambiando de traje

Con la aparición de la telefonía móvil y las diferentes tecnologías de acceso a Internet celular (GPRS, UMTS, HSPA, etc.) e inalámbricas (WIFI, WiMAX, etc.), los dispositivos móviles como teléfonos, PDA, consolas portátiles, etc. disponen de las herramientas necesarias para acceder a la World Wide Web. Sin embargo este tipo de dispositivos tienen unas características muy distintas a las de un ordenador personal de sobremesa. Por un lado, las capacidades del procesador, de la memoria y de la batería son reducidas, con lo que no se puede pedir una carga de trabajo muy elevada. Por otro lado, las posibilidades de presentación de la información están restringidas, ya que el tamaño de pantalla suele ser mucho menor, los altavoces de peor calidad, etc. Otra restricción importante es la modalidad, o mecanismo de interacción con las páginas. Un teléfono o PDA no dispone de ratón y el teclado es virtual o de tamaño muy reducido. Esto dificulta la tarea del usuario y hace engorroso introducir largos textos o navegar por los menús.

También debemos considerar que la capacidad de la web móvil es bastante menor que la de tecnologías de redes fijas como el ADSL o el cable. Esta falta de capacidad se refleja en una menor velocidad de descarga, un mayor retardo en la respuesta de las páginas, etc.

Todas estas características lastran la navegación web desde un dispositivo móvil y por lo que se han desarrollado distintas técnicas y herramientas para paliar su impacto en la experiencia del usuario. Básicamente, se intenta modificar las páginas web dirigidas a teléfonos móviles, adaptando los contenidos y la presentación a las características del dispositivo utilizado por el usuario. Así se modifican el tamaño y formato de las imágenes y textos para su correcta visualización en la pantalla y para acelerar la descarga; se simplifican las posibilidades de interacción con la aplicación para facilitar y agilizar su uso (eliminando formularios innecesarios, simplificando menús, etc.); se eliminan los elementos no manejables por el dispositivo (vídeos, animaciones, etc.); se modifica la presentación del documento para ajustarse al espacio reducido, etc.

Negociación de contenidos con HTTP
Para poder realizar estas personalizaciones de contenidos y su representación es necesario conocer las capacidades del dispositivo que accede a

la aplicación. Para ello, los navegadores informan de lo que pueden hacer cuando realizan las peticiones a los servidores web. Según esta información, el servidor selecciona o genera la mejor vista para cada petición. Este proceso se llama *negociación de contenidos*. El servidor es quien toma las decisiones según la información que envía al cliente y a los recursos disponibles. El cliente especifica sus preferencias y capacidades mediante cabeceras HTTP. Algunas de ellas son:

– *Accept*: se utiliza para especificar qué tipos de objetos son aceptados como respuesta.
– *Accept-Charset*: indica qué tipos de juegos de caracteres acepta el cliente.
– *Accept-Encoding*: indica qué codificaciones se pueden utilizar en el contenido.
– *Accept-Language*: restringe el grupo de lenguajes humanos a utilizar en la respuesta.
– *User-Agent*: contiene la información que identifica el navegador que está utilizando al cliente.

115/ La misma página adaptada para ordenador personal y para teléfono móvil

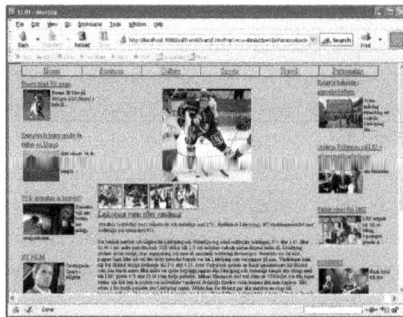

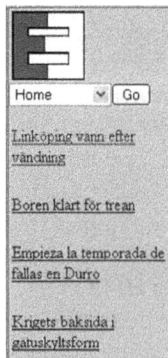

El siguiente ejemplo muestra el uso de las cabeceras en una petición HTTP:

```
GET / HTTP/1.1
Host: www.arrakis.es
Accept-Encoding: gzip
Accept:application/x-shockwave-
flash,text/xml,application/xml,application/
xhtml+xml,text/html;text/plain;image/png,image/
jpeg,image/gif
Accept-Language: en-us,en
Accept-Charset: ISO-8859-1,utf-8
User-Agent: Mozilla/5.0 (Windows; U; Windows NT 5.1; en-
US; rv:1.6) Gecko/20040113 Web-Sniffer/1.0.20
```

Como puede verse, la información que se extrae de las capacidades del cliente es muy reducida y sólo permite hacerse una idea parcial de las mismas. Para poder adaptar los contenidos para los dispositivos móviles han aparecido otros protocolos como CC/PP y UAProf que trabajan sobre extensiones de HTTP, que permiten expresar mejor las capacidades del dispositivo/navegador.

5

TENDENCIAS FUTURAS: MÁS DE TODO, PERO NO SIMULTÁNEAMENTE

Hablar del futuro de las redes de telecomunicación es como hacer la carta a los Reyes Magos. ¿Qué quieres? Pues más de todo. Pero, como ocurre cada 6 de enero por la mañana, nunca se tiene todo lo que se pide. Los Reyes traen muchas cosas, pero siempre se dejan alguna. Existen límites físicos que hasta el momento se cree que son insuperables y que van a condicionar la evolución de las telecomunicaciones.

De entrada podríamos decir que las telecomunicaciones tienden a ser cada día más rápidas y más ubicuas (posibilidad de conexión en todas partes), pero para que puedan ser útiles necesitan de los dispositivos de usuario adecuados y de contenidos interesantes.

Fijémonos primero en la parte de red. Existen dos caminos de desarrollo claramente diferenciados, las redes con cable (*wired networks*) y las inalámbricas (*wireless networks*).

Sobre las primeras, el futuro es claramente la fibra óptica hasta los hogares de los abonados. La velocidad de que dispondrán los usuarios en estos casos es tan grande que el problema será poder ofrecer contenidos que realmente requieran estas capacidades. En la parte de red troncal también se deberá disponer de grandes anchos de banda, pero ello vendrá resuelto por la *multiplexación por división en longitud de onda* (WDM), que permite transmitir varios haces láser por la misma fibra. Esta tecnología convierte una fibra actual en varios centenares de las antiguas, donde solamente se transmitía un haz láser por fibra. Las fibras ópticas además tienen la ventaja de que podemos transmitir a grandes distancias, por lo que, utilizando enlaces submarinos, tendremos todo el planeta conectado.

Sin embargo, la fibra óptica no puede llegar a todas partes, en estos casos podemos optar por las comunicaciones vía radio. Pero éstas tienen un gran problema: utilizan un recurso escaso, ya que las bandas frecuenciales utilizadas por las diversas tecnologías de radio que hemos visto deben ser compartidas entre todos los usuarios, y existe un límite de compartición que nos marcará la velocidad máxima transmisible. Cuando utilizamos fibra óptica, si queremos más velocidad, podemos poner otra fibra. En tecnología de radio esto no es posible. Actualmente se está investigando la mejor forma de transmitir (modulaciones, eliminación de ruido e interferencias, mecanismo de acceso al medio...), pero siempre tendremos un límite. Por lo tanto, el futuro de las comunicaciones vía radio no está en transmitir a grandes velocidades (en comparación con la fibra óptica), sino en buscar aplicaciones que, con una velocidad razonable, cubran nuevas necesidades de comunicación.

La primera aplicación es la posibilidad de comunicarse desde todos los rincones del mundo. Hoy en día ya es posible gracias a las comunicaciones vía satélite, pero las velocidades son realmente bajas. Lo que se pretende es conseguir un mayor ancho de banda, pero ello comporta reducir las distancias de transmisión. Una forma de lograrlo es instalando más estaciones base o repetidores, pero llegará un momento que instalar tantas antenas no será viable. Por ello debe buscarse otra solución: las redes malladas multisalto. Estas redes permiten que los terminales de otros usuarios actúen de repetidores, extendiendo así la cobertura de la red. Aunque la tecnología a priori ya está lista, existen diversos problemas técnicos que deben resolverse y otros burocráticos o contractuales, como por ejemplo: ¿Qué pasa si mi terminal móvil se utiliza mucho como repetidor? ¿Qué gano yo en esto?

La otra nueva iniciativa que nace con la mejora de las redes vía radio es la denominada *Internet de las cosas*. Aunque parezca de película, ésta propuesta consiste en insertar a todos los objetos imaginables una interfaz de red con un pequeño procesador para que nos proporcione información y podamos actuar sobre ellas. Algunos ejemplos de utilidad serían bombillas e interruptores para encender y apagar luces, que se podría combinar con un control de presencia; otro ejemplo serían sillas y otros objetos que indicasen su ubicación dentro de un hogar para personas invidentes; también podríamos pensar en tejidos que detectasen nuestra temperatura corporal y activasen el aire acondicionado o la calefacción (en el caso de que hubiera varias personas en la sala, podrían buscarse soluciones óptimas donde todos estuviesen más o menos cómodos). Este tipo de redes funcionan normalmente a baja velocidad, ya que el volumen de información a transportar es pequeño, sin embargo su punto crítico es que los dispositivos de red deberán funcionar en muchos casos con baterías, y es preciso ahorrar energía para asegurar un uso prolongado.

Para poder gestionar todas estas redes existen lo protocolos de comunicaciones. Hoy en día los más conocidos y extendidos son los componentes de la arquitectura TCP/IP. Han sido utilizados durante más de 30 años con un redimiento excelente, pero para según qué tipo de nuevas redes (la de la Internet de las cosas por ejemplo) no acaban de adaptarse correctamente. Es por ello que existen nuevas iniciativas que buscan unos protocolos de comunicación realmente óptimos, que no requieran configuración por parte del usuario (*self-management*) y que en un futuro próximo puedan desbancar al TCP/IP.

El siguiente componente de la evolución de las telecomunicaciones son los terminales de usuario. De ellos, los que sin duda alguna causan más revuelo son los dispositivos móviles, pensemos en los iphone o ipad. Los nuevos dispositivos tratan de reinventarse una y otra vez. Actualmente, se intenta que tengan el máximo de pantalla, pero con el menor volumen posible, y máxima potencia de cálculo, pero con poco consumo, condiciones contradictorias, por lo cual debe llegarse a un compromiso. De todas formas, la cuestión más crítica es el interfaz de usuario que normalmente está formado por un teclado y ratón. Los dispositivos móviles, al ser de pequeño tamaño, no pueden disponer de ellos, o si lo hacen ocupan espacio y reducen el área de visión de la pantalla. Aquí es donde actualmente se está viendo más evolución: pantallas táctiles que con movimientos combinados de los dedos ejecutan instrucciones, reconocimiento de voz y de escritura, autorrelleno de palabras para evitar escribir... Otro tipo de terminales podrán disponer además de conjuntos de sensores para adquirir datos adicionales que faciliten la interacción con el usuario. Algunos ejemplos ya los tenemos hoy en día, como los sensores de luz que permiten modificar el brillo de la pantalla de acuerdo con la intensidad de luz que detectan.

Finalmente, lo que requerirán las redes de comunicaciones del futuro son contenidos que realmente sean útiles para el usuario, rentables para las empresas de telecomunicaciones y que ocupen los anchos de banda disponibles. En el caso de las comunicaciones vía radio, este problema no existe porque las velocidades disponibles no serán extremadamente elevadas y enseguida se verán saturadas. Sin embargo, sí que debemos valorar si es conveniente instalar fibra óptica hasta nuestra casa, en función de lo que vayamos a utilizar su capacidad de transmisión. Las aplicaciones grandes consumidoras de anchos de banda son las relacionadas con vídeo. Actualmente ya existen servicios de distribución de video por cable, pero habitualmente solo permíten ver un canal a la vez. ¿Qué sucede si queremos ver dos canales distintos en dos televisores diferentes? Pues no se puede. Es en este campo donde se vislumbran el tipo de contenidos que pueden rentabilizar la instalación de fibra hasta los hogares: servicios de distribución de video de alta definición con varios canales simúltaneos. Evidentemente, sin dejar de lado otras aplicaciones como los juegos en línea, la televigilancia...

Como puede verse, los campos de la ingeniería de telecomunicaciones y la telemática son extremadamente dinámicos y hemos pasado de un modelo de dos redes (la telefónica y la telegráfica) a la complejidad actual en unos sesenta años. No podemos vislumbrar claramente el futuro, la bola de cristal está borrosa, ¡pero seguro que nos esperan magníficos avances en los próximos años!